四季手工美味

〔日〕柳原一成

〔日〕柳原尚之 著

霍红雪 译

北京出版集团公司
北京美术摄影出版社

前 言

这本书里，有我想用心去传承的日本的味道。

春日的竹笋，夏日的梅干，秋日的板栗，冬日的干物，等等，组成了只有那个时节才有的，一期一会与美食的相遇。

与此同时，我更想让您一一去品味、去了解美食所带来的诱惑。抱着这样的心情，我与父亲一起完成了这本书。

我的父亲，近茶流（柳原一族家传的料理之道，近茶料理代代传给家族之女，直至上辈才开始传至家族之男）宗家的柳原一成，喜研究琢磨，他把我的祖父，即先代宗家柳原敏雄教予他的很多手工活计，经过重重改善，变为简单易做的美食。这些手工料理中既有逢年过节必不可缺的料理，亦有一年只能做一次的美食。

我因为在父亲身边耳濡目染，亦重新认识到了父亲独树一帜的料理门路及一些专业知识。近茶流所秉承的理念，是将我辈在内的世代流传下来的料理方式与技术，反映到如今时代的料理中，并使其继续发展和传承下去。

柳原尚之

目录

春日的手工料理

夏日的手工料理

秋日的手工料理

冬日的手工料理

在使用这本书之前

- 1大匙特指15mL，1小匙特指5mL，杯子特指200mL容器。

- 在没有任何说明的情况下，酱油特指浓口酱油，味噌特指米曲味噌，白糖特指上白糖（日本人常用的一种白糖品种）。

- 材料中的海鲜汤，三杯醋类调制调料，明矾水之类用于事前准备的水，如果这些材料在使用顺序中并没有标记，那么就是与其他材料混合在一起使用。

- 材料中使用的红辣椒是新鲜辣椒。换成干辣椒也不会影响口感。

- 甜醋是将100mL米醋、4大匙白糖、1/6小匙盐放在一起入锅，直到盐和糖溶化后放至冷却（准备适宜量即可）。

- 焯水指的是将要用的素材过一遍热水。

- 溶解盐水指的是将1大匙盐溶在1杯水里所得到的盐水。

- 防色变指的是将煮过的青菜中的水分攥干，或者是将加热后的素材立刻变冷一类的操作，目的是防止素材变色。

- 做饭方法以及做海鲜汤的方法请参考146页。

- 煮菜教程中在制作方法中我们标注了使用的锅的大小，方便您做参考。

- 做完的料理在放置一段时间后味道会流失或者变味，请在食物鲜美的时段享用。梅子干等长期保存的食材需在清洁的环境中保存。

春日的手工料理

春是与水灵灵的嫩芽相遇的季节。野菜的涩味其实就是生命力的象征。煮，用水冲洗，用正确的手法将山野菜的涩味去掉。

竹笋饭

材料 / 4 人份

米……2 杯（400mL）

煮竹笋……150g（见 13 页）

鸡胸脯肉……100g

下煮汁……海鲜汤（日本超市卖的一种做汤的佐
料，很受民众欢迎）1 杯，白糖 1.5 大匙，酱油
2 大匙，酒 1 大匙
　　向步骤 4 中煮食材之后过滤出的汤汁中再倒入海
　　鲜汤，勾兑出 480mL

紫花豌豆……8 枚

花椒新芽……适量

（1）　　（2）　　（3）

制作方法

1　米饭的事前准备工作

在做饭 1 个小时之前将米淘好，事先放在电饭
煲里。

2　竹笋事前准备工作

将竹笋按 5mm 的厚度斜切，放入过滤网里焯水，
将水分攥干（如图 1）。

3　鸡肉的事前准备工作

将鸡肉纵向切成 1cm 宽度的带状，然后切小块。
放入 1 大匙酒，一起放入热水中焯水至变色程
度，去掉鸡肉的腥味（如图 2）。

4　事先煮食材

将事先准备好的海鲜汤放在直径 18cm 的锅里，
将 **2** 放在锅里煮 3 分钟左右去掉竹笋的涩味，一
定程度上入味后，放入 **3** 的鸡肉大火煮。用滤网
捞出，将食材与海鲜汤分离。

5　煮饭

将煮完 4 之后的汤汁加上事先准备的下煮汁共
480mL 放入事先淘好的米中开火煮。煮至海鲜汤
沸腾，再加入 4 的竹笋和鸡肉煮好（如图 3）。

6　加入蒸完煮好后斜切的紫花豌豆，将食材跟米饭
充分搅拌均匀，移入小碗里。将细切的花椒新芽
放在上面点缀。

> 将食材事先煮好，食材的味道加上海鲜汤
> 的味道一起煮出来的竹笋饭十分美味。

樱花虾煮竹笋

材料 / 适量

煮竹笋（参照右图）……100g

煮汁……味素 1 匙，酒 1 大匙，白糖 1 大匙，淡口酱油 1.5 大匙

樱花虾干……15g

A……酒 1 大匙，味素 2 大匙，淡口酱油 1 小匙，甜料酒 1 小匙

炒白芝麻……1 小匙

花椒新芽……6~7 片

（1）

（2）

制作方法

1　切竹笋

笋尖 3cm 长度切断，纵向薄切（如图 1），切成 1mm 的银杏叶状（如图 2）。过热水去腥（如图 3）。

（3）

2　煮竹笋

将竹笋连同煮汁的调料一起放入锅（直径 18cm）中，加火煮沸后放入 1，再煮 3 分钟使其入味（如图 4）。在锅中冷却到没有水汽为止。

（4）

3　樱花虾调味

在锅中放入樱花虾干和 A 中的酒，开火煮至酒沸腾，再放入 A 剩下的调料（如图 5），一直煎到锅中水汽全无为止，注意火候。

（5）

4　摆盘

在锅中放入 2，再放入炒白芝麻搅拌（如图 6），盛在碗里，将准备的花椒新芽点缀在上面。

（6）

微微甘甜的味道正好配花椒新芽的清凉口感。不仅可以配饭吃，也可以当一道下酒小菜来享用。

煮竹笋的方法

带皮的竹笋重量在 500g 左右的比较容易入菜。竹笋在收割回去后都会有涩味，所以在买回去后立刻煮一下比较好。煮的时候可以放入米糠、红辣椒之类一起煮，去掉涩味，煮软后就可以煮饭或者跟别的材料一起入菜了。如果煮完后的竹笋不打算立刻就用，可以浸泡在水中放在冰箱里保存 1 周，注意每天都要换水。

※ 带皮竹笋在煮完后要进行去皮，去皮后的重量将变成原来的一半（500g 的竹笋最后只会剩下250g 左右）。

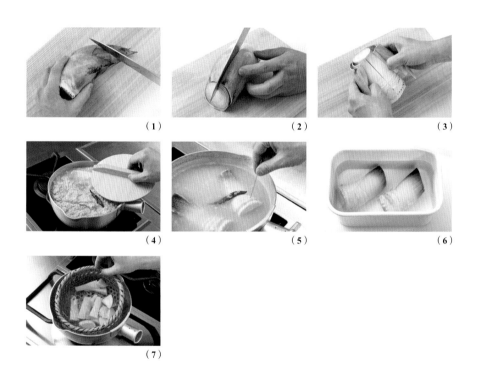

（1）　　　　　　（2）　　　　　　（3）

（4）　　　　　　（5）　　　　　　（6）

（7）

1 将带皮竹笋的笋尖部分斜着切掉（如图 1）。

2 为了使竹笋内部容易受热，纵向切到笋肉部分（如图 2）。

3 剥去多余的 2~3 片叶子（如图 3）。

4 将竹笋放入锅中并加入足量的水、1 把米糠和 1 根红辣椒，加盖开始煮（如图 4）。

5 待水沸腾后，保持水不溢出继续煮沸约 40 分钟，煮到可以插入细签的程度（如图 5）。

6 关火放入煮汁在锅中冷却，等煮汁冷却后将竹笋拿出洗净，浸泡在水中（如图 6）。

7 使用的时候可以纵切成两段，将笋尖的部分切掉少许。剥去外部硬皮，适当地切成几段。使用之前要用热水去腥，等水分也去掉后就比较容易入味了（如图 7）。

慢炖蜂斗菜

材料 / 4 人份
蜂斗菜……4 棵

需要事前准备的煮汤……热水 3 杯，极少量苏打水

煮汁……海鲜汤半匙，白糖 2 小匙，淡口酱油半小匙，酒 2 小匙

蜂斗菜。成簇的蜂斗菜是被包裹在花苞中的，切开后切面会迅速变黑，所以要快速处理

制作方法

1 事前煮蜂斗菜

摘掉蜂斗菜变色的部分，纵向切成两半（如图1）。立刻放入事前准备的热水中（放入小苏打），为防止空气进入要盖上盖子。上下翻动两次煮到 1 分半钟，然后捞出放入冷水中冷却。将变了颜色的水换掉，然后继续放入冷水中浸泡 30 分钟左右。

2 煮

将煮汁放入锅（直径 15cm）中煮沸，将 1 的水分轻轻攥干放入锅中（如图 2），小火煮 5~6 分钟，停止加热。

（1）　　　　　　　　　　（2）

小苏打的量
在煮的过程中如果加入过量的小苏打蜂斗菜会被溶解，所以这点要加以注意。量掌握在不足1g的程度就足够了。

蜂斗菜味噌

材料 / 适量
蜂斗菜……2 棵

荞麦面（或者布布霰，一种用于做茶泡饭的米）……1.5 大匙

信州味噌……60g

白糖……2 小匙

酒……2 小匙

沙拉油……1 大匙

（1）　　　　　　　　　　（2）

花苞用作香气引子
花苞作为芳香佐料使用，蜂斗菜味噌这道料理中只使用花的部分。我们可以活用花苞的香气，作为料理的芳香佐料。

制作方法

1 蜂斗菜的事前准备

将蜂斗菜的花和苞分开。用手将花一个一个地剥离开（如图1）。

2 加热

在锅中放入沙拉油和荞麦面开始加热，等荞麦面像爆米花一样在锅中爆开后关火，加入蜂斗菜（如果是使用布布霰的话不会爆开，等油被加热后关火，放入蜂斗菜就可以了）。

3 调味

被锅的余热加热后的蜂斗菜花颜色开始变得鲜艳，这个时候就可以放入味噌、白糖、酒，然后搅拌，使味道扩散开来（如图2）。

左：味噌蜂斗菜，搭配茶泡饭的绝佳选择。

右：煮蜂斗菜，独特的味道中略带苦涩。

蜂斗菜配西京烧

材料 / 1 人份

蜂斗菜……1 棵

马铃薯淀粉、煎炸油、盐……适量

马鲛鱼西京烧

（135 页中西京腌鲥鱼的做法也同
样适用于马鲛鱼）……1 切块

萝卜泥……适量

制作方法

1　蜂斗菜的事前准备

同味噌蜂斗菜中的处理方式一样，将花与苞一朵一朵分离开。

2　过油炸

将 **1** 裹上马铃薯淀粉在温度 170℃的油里快速过油炸，放在滤勺
里。撒少许盐。

3　装盘

将烧过的马鲛鱼西京烧放入盘中，浇上 **2** 再加上萝卜泥装盘完成。

在经常吃的料理中，加入了这个季
节所特有的些许苦涩的味道。

15

酱蜂斗菜（茎叶部分）

材料 / 4 人份

蜂斗菜茎叶……300g

酱油……120mL

酒……50mL

甜料酒……2 大匙

水……半杯

蜂斗菜的叶子根部将整棵菜分为两部分，茎部的经典做法是用来做酱蜂斗菜或者煮菜，叶子则常被用来与酱油,酒做成的调料煎炸

> 春日里佃煮（主要由酱油与白糖来腌制调味的一种做法）食物的代表之一。保存的时候也会偶尔回锅再煮一次。因为是手工料理特有的风味而备受欢迎。

（1）　（2）
（3）　（4）
（5）　（6）

蜂斗菜的颜色与外皮

因为做成后颜色上比较像香木中的沉香（伽罗），所以被叫作沉香（伽罗）蜂斗菜。刚刚煮好后的颜色虽然略浅，过了3天后颜色就会变深。无论是野生蜂斗菜还是蜂斗菜，都只取长而直的茎部，煮的时候注意保留青菜本身清脆的口感。

制作方法

1 蜂斗菜的事前准备

用菜刀将蜂斗菜的茎撕成一根一根的细杆（如图1）。切成 3~4cm 长，转移到玻璃碗里，撒 1 大匙盐（如图2）。

2 事先过水煮去腥

用热水去腥的同时煮 5 分钟（如图3）后，用流水冲洗去掉剩下的腥味（如图4）。

3 煮

将水分攥干放入锅（直径 21cm）中，加入调料（酱油、酒、甜料酒）开始煮（不要用强火）（如图5）。一直煮到海鲜汤中水分快要蒸干，关火静置一晚（如图6）。

4 次日加入一定分量的水，再煮一遍（直到颜色开始稳定不再变化）。尝一下口感，如果仍觉得硬，再加水煮一段时间即可。

煮蜂斗菜和油炸豆腐

（1）

（2）

（3）

（4）

材料 / 4 人份

蜂斗菜……3~4 棵

油炸豆腐……1 块

红辣椒……1 只

煮汁……海鲜汤 2 杯,淡口酱油半大匙,甜料酒 1 大匙,酒 2 大匙,白糖 2 小匙,
　盐半小匙

制作方法

1　蜂斗菜的事前准备

将蜂斗菜的茎跟叶分开，切成可以入锅的长度，加入分量足够的盐（称
重分量外）用手在菜板上来回滚动几次（如图 1），叶子用来当座煮（做
法见对页）。

2　事前准备

材料整体都接触到盐后立刻放入锅中，煮至颜色鲜绿，用筷子夹起来变
弯的程度即可。从细到粗从锅里取出，放入冷水中冷却（如图 2）。因为
蜂斗菜中间的芯有孔，立起来往中间灌水（如图 3）。

3　去皮

从粗的一端向细的一端剥。用刀刃从最顶端往下各削 2~3cm 的豁口，剥
到底。

4　煮蜂斗菜和油炸豆腐

把煮汁的调料放入锅（直径 21cm）中加温，把油炸豆腐切成 1cm 厚度
再加入锅中煮 5 分钟。等油炸豆腐入味后，再把切成 3cm 长度的蜂斗菜
以及一部分去籽的红辣椒加入锅中关火（如图 4）。将剩余的红辣椒切细
碎，点缀在已经装盘的料理中。

活用蜂斗菜鲜艳的绿色有一个小技巧，就是将撒盐后的
蜂斗菜在菜板上来回搓过之后立刻下锅煮。

腌制蜂斗菜叶（当座煮式腌制）

（1）

（2）

（3）

（4）

（5）

（6）

材料 / 4 人份

蜂斗菜叶（茎部用来做煮菜）……1 把

盐……1 小匙

酱油……1 大匙

七味辣椒面……适量

制作方法

1 事前准备工作

把蜂斗菜叶卷起来切细细的小段（如图 1）。倒入事先放了盐的热水，用筷子搅拌一下加热 2 分钟（如图 2）。也可以使用煮完蜂斗菜茎后的热水。

2 去涩味

在玻璃碗里铺一层漂白布，将蜂斗菜叶放在里面，抓住布的四角放在冷水下冲，去掉蜂斗菜叶中残留的涩味，然后攥掉水分（如图 3、图 4）。

3 加热，调味

在锅（直径为 18cm）中放入蜂斗菜叶、酱油、酒后加热。中火煮 3~4 分钟，用筷子搅拌拨开水分（注意不要让锅周边变焦）（如图 5）。关火加入适量的七味辣椒面（如图 6）。

当座煮这种做法一定程度上可以保存一段时日。直接跟白米饭或者茶泡饭一起食用都是绝佳的选择。

豌豆翡翠煮

图为豌豆。因为新鲜度比较
容易流失，所以去皮后要立刻
入锅

材料 / 4 人份

带壳豌豆（绿色颗粒）…… 200g

盐水……水 1 杯，白糖 1 大匙，甜料酒 2 小匙，盐少量

制作方法

1 将豌豆放在盐水中煮

剥掉豌豆的壳然后放在盐水中泡10分钟（如图1）。

2 倒入加了 1 小匙盐（不计入事前准备的调料中）的热水，用筷子边搅拌边煮，一直到豌豆开始变软为止（如图 2）。

3 防变色处理

用漏勺将豌豆捞出，放入盛放着温水的容器中（如图 3）。容器里加入冰用于防止豌豆变色。

4 煮

在锅中放入调料，加火，煮沸后将 3 中的豌豆加入锅中，关火。再往锅底加入冰水使其迅速冷却。

（1）

（2）

（3）

将豌豆煮到没有褶皱的程度

为了使豌豆煮完后没有褶皱，这里有一个小技巧。煮过后的豌豆放入温水而不是冷水中。最初会有一些褶皱出现，等浸泡一会儿之后褶皱就会消失。

加了一点甜味海鲜汤的煮青豌豆，做完后颜色鲜艳，可以尽情地享受豌豆的清香和口感。

带根鸭儿芹与油炸豆腐

（1）

材料 / 4 人份

鸭儿芹……1 把

油炸豆腐……1 块

甜料酒……2 大匙

酒……1 大匙

A……海鲜汤 2 大匙，淡口酱油 2 小匙

鲣鱼丝……适量

制作方法

1　带根鸭儿芹与油炸豆腐的事前准备

带根鸭儿芹分成叶子与茎，茎切成 3cm 长度。将油炸豆腐放入热水中去油，然后切成细丝备用。

2　煎带根鸭儿芹

在锅（直径为 21cm）里放入鸭儿芹叶子、甜料酒、酒，中火煎。叶子开始变软的时候把茎部加进去（如图 1）。

3　调味

把油炸豆腐加进去，用 A 调味，稍微煎一下出锅。盛放在合适的容器中，点缀上鲣鱼丝。

带根鸭儿芹的叶子比茎秆部分硬，所以先把叶子煎软，再放入茎，煎的过程中注意保留茎秆部分脆脆的口感。

春甘蓝速食腌菜

将软软的春甘蓝做成速食腌菜。

材料 / 4 人份

春甘蓝（外部叶子）……3 片

盐……少许

青紫苏……7 片

腌制紫苏籽(做法见 90 页)……

　　适量

制作方法

1　春甘蓝上撒盐

春甘蓝去心，清水洗。纵切两半，再切成宽 5~6mm 放入玻璃碗中，撒上盐开始腌渍。

2　加青紫苏

放置 10 分钟，等蔬菜中的水分出来后，加入切丝的青紫苏。攥出剩余的水分，再放入腌制紫苏籽。

杂烩菜花扇贝

(1)

材料 / 4 人份

菜花……12 根（150g）

扇贝……4~5 个

溶解盐水……水 1 杯，盐半匙

煮汁……海鲜汤 1 杯，淡口酱油 2.5 匙，白糖稍多于 1.5 匙，酒 2 小匙

鸡蛋……1 个

花椒新芽……适量

制作方法

1 煮菜花

将菜花浸泡在水中使其恢复原状态（如图 1）。

2 将 1 把盐（不计入事前准备的材料中）放在热水里，把菜花放进去煮 30 秒。随后放入冷水中冷却。攥掉水分，切成 3cm 的长度。

3 扇贝的事前准备

将扇贝在溶解盐水里洗净，用手撕成大块。

4 杂烩

将煮汁的材料放在一起，大火煮，煮沸后放入扇贝，等扇贝受热后再加入菜花，变成小火开始煮。菜花开始受热后，顺着锅边加鸡蛋。用筷子支出一个小空间，等鸡蛋煮成形后关火。合上盖子用余温蒸 1 分钟左右。

5 装盘

用勺子盛出来放入器皿中，点缀上花椒新芽。

春日的青菜与贝类是很搭的一个组合。菜花清脆爽口，鸡蛋绵软美味。

菜花浸泡在水中恢复状态后

我们平时买到的菜花都是绑着的失水的状态。放入水中一段时间之后，摄入水分后的菜花茎叶又会恢复新鲜。菜叶清脆爽口，同时把茎和叶放入锅中煮，只要保证火候正好，口感会非常好。这里把几样材料杂烩的做法介绍了一下，如果做和式拌菜的话，不攥掉水分直接冷却，拌菜的时候也同样爽口。

叶牛蒡肋骨肉拼盘

叶牛蒡。主要是初春时节在西日本地区受欢迎。也被叫作青牛蒡，根部与普通牛蒡一样入菜吃。叶子部分可以像19页介绍的那样做当座煮

材料 / 4 人份

叶牛蒡……300g

芝麻油……1 大匙

煮汁 A……海鲜汤 2 大匙，酒 1 大匙，白糖 1 大匙，淡口酱油 2 小匙，盐 1/4 小匙

肋骨肉……250g（1cm 厚、2.5cm 宽度的一条）

煮汁 B……海鲜汤 1 杯，白糖 1 大匙，淡口酱油 1 又 1/3 大匙，酒 2 大匙

七味辣椒面……适量

（1）　　　（2）　　　（3）

（4）　　　（5）　　　（6）

制作方法

1　叶牛蒡的事前准备

把叶牛蒡切分为根、茎、叶三部分。用小刷子刷去泥，斜着削成竹叶似的薄片（如图 1），放在水下冲洗。

2 把茎按 4cm 长度切断（如图 2），不用削皮就可以。

3　炒叶牛蒡

加热锅（直径 21cm）放入芝麻油，将油匀开放入 1 中切成薄片的叶牛蒡，大火炒。变软后再加入茎一起翻炒（如图 3）。

4 等茎变成透明绿后换成中火，将煮汁 A 按照顺序依次倒入，开始调味（如图 4）。再翻炒一会儿后关火。

5　肋骨肉要先煎一下再煮

平底锅中将肋骨肉排成列，开中火煎。等颜色变深后开始翻面，由于在煎的过程中会不时溅油，合上盖操作比较好（如图 5）。

6 在锅（直径 21cm）中放入煮汁 B 中的材料开始炖，再放入煎好的肉块，煮 5 分钟左右后关火（如图 6）。

7　装盘

在容器中放入 6 中的肋骨肉、4 中的叶牛蒡开始装盘。撒一层七味辣椒面。

叶牛蒡的根与油的相容性很好，所以先炒根部。茎部快速地煮好后就可以出锅。

> **用油处理叶牛蒡的涩味**
>
> 叶牛蒡的根与牛蒡一样，都有很强的涩味。这种食材需要用油先炒一下，然后用海鲜汤煮一下，才会去除掉涩味，并容易入味。

三杯醋芥末花

芥末花与芥末根相同,会对鼻子产生很强的刺激性辣味。芥末花以前很少被作为食材,种芥末的农家也曾经一度为了处理芥末花而煞费脑筋。随后人们逐渐意识到它可以被用于料理中,渐渐地它终于作为食材流传开来。从芥末花的味道可以感知开春的味道

材料 / 4 人份

芥末花……1 把（100g）

白糖……1 小匙

三杯醋…… 醋 1.5 大匙,白糖 1 大匙,酱油半大匙

（1）

（2）

制作方法

1 芥末花的事前准备

将芥末花洗净切成 3cm 长度。

2 将 1 用热水过一遍（如图 1）。

3 将 2 放入有盖子的容器中,放一些白糖。为了破坏掉芥末叶的细胞,合上盖子晃容器（如图 2）,静置 10 分钟（去掉一些芥末中的辛辣味）。

4 调味

将 3 的水分攒掉,浇上三杯醋静置片刻。

可作为下酒小菜,或搭配鱼等荤菜食用。亦可如腌菜一般,和米饭一起搭配食用。

其他野菜的事前准备

荚果蕨

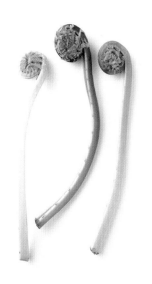

选择蔬菜尖紧紧地卷在一起的荚果蕨。因为茎的下端很硬，从可以用手折断的地方开始折掉，取剩下部分使用。煮的时候因为不会出现白沫，煮后可直接用于腌渍食物或者炸天妇罗

野生土当归

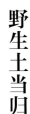

其切口接触到空气后会立刻变色，因此切后立即浸入醋水中。整株可分部分使用，芽可用于炸天妇罗，芯可用于醋腌制物或者拌青菜，皮可用于金平炒菜系

蕨菜

折掉可折去的部分，放入极少量的小苏打在热水中煮至茎部最下端变软（手指可戳动的程度）。放水过滤掉小苏打，有水的状态可在冰箱中保存 4~5 天。在热水中过一遍后可用于腌渍或炖菜食用

香椿

漆树

漆树口感清爽无异味，被称为野生菜之王。两者都可以如左图左边那样，剥去根部硬的部分，经典做法是炸成天妇罗

樱叶饼

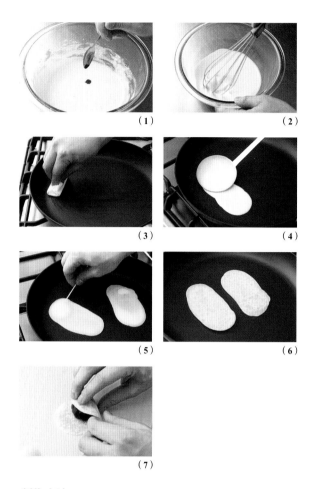

（1）　（2）　（3）　（4）　（5）　（6）　（7）

材料 /12 个的量

盐渍樱花叶……12 片

糯米粉……6g

水……75mL

白糖……2 小匙

小麦粉……60g

红色食用色素……少许

豆沙馅（做法见 100 页）……150g

制作方法

1　樱花叶的事前准备

将樱花叶浸泡在水中（不计入事前准备的材料中），使叶子中的盐分排出。

2　做面皮

在玻璃碗里放入糯米粉，加入 75mL 事前准备的水充分溶解。再加入白糖、小麦粉，继续搅拌，直到混合溶液中的面粉团消失为止。

3　边观察边缓缓加红色食用色素，将混合溶液染成淡淡的樱花粉为止（如图 1、图 2）。

4　煎面皮

用氟化乙烯树脂加工的平底锅弱火煎，在锅底淡淡地抹上一层油（如图 3）。舀 1 大匙调好的溶液，在锅中平铺成如图的形状（如图 4）。等表面受热后，用细扦子翻面，注意不要让面皮有焦黄的痕迹（如图 5、图 6）。

5　包上豆沙馅

将豆沙馅揉圆用煎好的面皮包上，再用用水润湿过的樱花叶包裹起来（如图 7）。

用小麦粉做成的薄薄的面皮做好的樱花饼。如果使用过多的红色食用色素就不会出现这种薄薄的效果，在调色过程中要注意，红色食用色素应缓缓加入。

艾叶年糕

（1）

（2）

（3）

（4）

材料 / 约 10 个的量

艾蒿……100g

用于事前煮菜的水……热水 2L，少量小苏打

糯米粉……20g

白糖……20g

60℃热水……100g

上等米粉……80g

蘸手水……1 杯水 + 1 大匙白糖

豆沙馅（见 100 页）……200g 左右

制作方法

1 煮艾蒿

艾蒿洗净后分成茎和叶两部分（如图 1）。把艾叶放在加了小苏打的热水里继续加热，2~3 分钟后艾叶开始变软就可以了。然后放入冷水中去掉涩味。

2 把艾叶切细

将艾叶中的水分攥干，切成细细的丝，然后放入小钵里开始磨（如图 2）。

3 做艾叶饼的面皮

往玻璃碗里加糯米粉、白糖，并缓缓加入 60℃热水，用手混合搅拌直到糯米粉的颗粒消失。再加入上等米粉继续混合搅拌，直到整体充分地搅拌均匀为止。

4 蒸面皮

在冒着蒸汽的蒸锅中铺一层漂白布，用小油刷将 3 中的面皮溶液放进去，大火蒸 20 分钟。

5 将面皮与艾叶充分融合

将刚出锅的面皮放入刚才磨艾叶的小钵中，用研磨棒蘸些蘸手水开始研磨。等冷却到不烫的程度后，再用手充分搅拌融合，直到变成均一的绿色。沾到手上的话就蘸一些蘸手水，揉成一个团。

6 将面皮均匀分成若干份

一只手拿着方才准备的面团，另一只手将面团揪出一个个等大的小面团（如图 3）。分完后排在容器中。

7 包豆沙馅

蘸水将小面团按照圆形摁平，将豆沙馅包进去，然后紧紧捏住边缘。接缝处用拇指和食指夹住，揪掉多余的部分调整成如图的形状（如图 4）就可以了。

如果想做成便携式的，在完成后滚上一层上等米粉，这样就不会黏。再放入套盒里就可以了。

草莓酱

（1） （2）
（3） （4）
（5） （6）
（7） （8）
（9） （10）

材料 / 适宜量

颜色鲜艳的新鲜草莓（小粒草莓的话在做成后上
　色会更好）……900g

白糖……540g（大约是草莓分量的60%）

柠檬汁……2个柠檬的量

制作方法

1 **草莓的事前准备**

　草莓去蒂后洗净（如图1）。

2 用流动水洗净后再放水浸泡一下，残留的细小的
　草莓蒂会浮上来，将其去掉（如图2）。放入大
　孔滤网盆中，将水分过滤出去（如图3）。

3 **煮草莓**

　将草莓放在搪瓷的深锅（直径24cm）里小火加
　热。再加入白糖和柠檬汁（如图4）。

4 用木勺从锅底到上面来回翻动几次，使白糖充分
　融到各个角落（如图5）。

5 保持锅中的草莓不会煮沸溢出的火候，边搅动锅
　里的草莓边煮（如图6）。

　火候非常重要。一会儿之后草莓中的水分开始被
　煮出来，这时候香味也会随之溢出来。

6 慢慢地锅中会出现泡沫，将泡沫集中到中间舀出
　来（如图7）。在草莓变软之前继续在锅里煮，
　注意掌握火候不要煮煳。

7 煮的过程中试着用木勺戳草莓看一下硬度。煮到
　不怎么用力就能戳破的程度就可以了（如图8）。

8 有条件的话可以使用捣碎器把草莓弄碎（如图9）。
　最后将锅里细碎的泡沫舀出来出锅（如图10）。

（11）

（12）

（13）

9　煮好之后的样子如图11。水冷却后草莓会凝固，所以保留适当水分的草莓最合适。

10　盛放在保存瓶中

用广口漏勺把草莓盛出来放在保存瓶中，一直盛到罐口处，注意不要太满，防止水分蒸发时溢出。用小匙将浮在果酱上面的细泡沫舀出。

11　杀菌

将盛在保存瓶中的草莓酱摆在沸腾的蒸锅的箅子上，不加瓶盖的情况下再合上蒸锅盖蒸10分钟杀菌（如图12）。

12　把瓶盖扣在保存瓶上（这个时候不要拧紧瓶盖，否则会因为蒸汽多、温度高引起瓶子炸裂），扣着瓶盖的状态下再蒸10分钟（蒸得过久的话草莓酱会溢出）（如图13）。

13　垫上厚厚的毛巾取出保存瓶，趁热拧紧瓶盖开始冷却（如下图）。

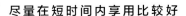

尽量在短时间内享用比较好

这里介绍的草莓酱也同样适合用作手工特产。开封后尽量在短时间内食用。不开封的情况下虽然可以保存1年左右，但是随着时间的推移草莓的味道也会慢慢失掉鲜度，所以建议尽早食用比较好。除了送给家人朋友之外，也可以额外地留出一些放在外面，时不时尝一下味道看看是否变质。

制作颜色鲜亮的果酱的秘诀：将白砂糖和水果混合后立刻开始煮。

活用素材颜色搭配

　　近茶料理中利用和风做法制作出来的果酱。为了使做出来的果酱呈现出最好的颜色和最鲜美的味道，在料理的过程中除泡沫是必不可少的步骤之一。

　　根据做法不同也会有不一样的讲究。近茶料理如果不仔细除去泡沫，大多数情况下食材的味道会被其余的杂味影响到，颜色也会变得不均一。尤其是颜色，刚刚出锅的时候可能不容易注意到，过一些时候就会发现颜色的变化。实际上果酱也是这样。煮果酱的过程中出现的泡沫像做煮食一样，沸腾后一下子集聚到锅中心，这个时候一下子舀出来最好。千万不能觉得果酱也随着一起舀出来了很浪费，就用小匙一点一点地舀。如果用那样的方法除泡沫的话，到最后无论如何都会残留下很多泡沫。等泡沫聚集到一定程度后再小心地舀出去就可以了。

　　在各式果酱中，草莓的颜色是相对不容易调制出来的一种。选草莓，将白糖与草莓充分融合后开始煮，煮的过程中不过于破坏草莓的结构，这一系列都是需要注意的点。

生命的延续——盐渍八重樱

4月过半，数以万计的樱花丛中，八重樱也要开始绽放。有传说，当落花铺满地面，春之神佐保姬乘着篮子随风而去，夏天也即将到来。八重樱不是迎春，而是送别春天的樱花。在柳原家把樱花采摘下来，用盐腌制，借助盐和梅醋来将香味和色泽保留，这是春天的惯例。

进入4月下旬，天气逐渐回暖，在梦中摘花回头望，刚刚还是花蕾的樱花已渐渐绽放。将樱花采摘回家，必须立刻开始进行腌制，因为过了花期的花瓣会纷纷落下。

首先将花萼与枯干连接处的黑色部分去掉。八重樱的花萼很结实，花瓣不易掉落，但这部分涩味很重，所以要去掉。然后用梅醋将花洗净，用盐腌制上。与每年制作的梅干使用的梅醋用法一样，要使用不带有紫苏香气的白醋。

用梅醋洗花瓣的过程中不要倒入过量梅醋，刚刚没过花瓣的量就可以。第一次清洗后，用力攥樱花将水彻底挤出后，灰汁就会变黑。取另一个容器倒入梅醋，待醋完全渗透其中，将醋挤出，然后将盐撒到樱花上。盐的用量大约是樱花最初重量的五分之一。全部浸透之后，盖上压盖，压上石头，两三天以后带着樱花独有的颜色的水慢慢浮上来。这个时候乍一看好像是腌好了，但是花心和花秆并没有腌透，还需要等一阶段。4月下旬腌制的樱花，最早要等到5月黄金周结束才会腌好。然后用手拧，裹上装饰用的粗盐即制作完成。这个盐是为了保质用的，所以要足量地裹上，待到使用的时候用水冲掉，根据个人的喜好保留盐的分量。

在结婚典礼上，樱花茶或者料理中会使用到腌制好的樱花。八重樱的花茎非常坚韧，会有两三朵花缠到一起，在婚礼上用的是两朵花缠到一起的樱花。这代表着两个家庭的联结，也寓意着两位新人从此关系和睦，相亲相爱。为了能马上使用，会将樱花分成一朵或两朵放到冰箱中保存。一朵樱花在婚礼上放到热水中来迎接宾客，而且，作为庆贺用的樱汤会在一年之后送出。

除了季节性吃的花以外，还有夏天顶花小黄瓜和秋天的菊花。让短暂的生命得以延续的腌制樱花是自古以来的手工制作的风雅情趣。

※八重樱落满地的时候会出产新茶，品尝一瞬即逝的新茶详见72页。

夏日的手工料理

梅子、红紫苏、杏、花椒等一些初夏的果实，仅凭香气就能将梅雨季节湿润的空气变得清爽。做一些能够长期保存的腌制品也是这个季节特有的活计。这个时候我们更应该感谢古人的智慧，用这些方法将转瞬即逝的香气和颜色保留住。

梅干

（1）　（2）　（3）　（4）　（5）　（6）　（7）　（8）

材料 / 适宜量

南高梅……3kg

腌制用盐……600g（梅子分量的 20%）

红紫苏……带茎 1.2kg（叶子重量需要 720g）

腌制用盐……240g（红紫苏分量的 20%）

提起 6 月，最先想到的就是梅子。顺应季节制作的料理，足以让人忙到不可开交。分工作业，边做活计边闲聊，料理的过程中不知不觉人与人之间的距离也被拉近了

制作方法（盐渍）

1　选择梅子

黄色的带点红色的梅子比较好，如果是青色的梅子的话就要等到变成黄色（催熟）。带有伤疤的梅子易发霉，而且会让梅醋变得浑浊，所以要剔出去。

2　取蒂清洗

梅子的蒂容易生成细菌，所以用竹签将蒂摘除（如图 1）。

3　将梅子放入容器中，用流水清洗。梅子表皮很柔软，注意不要划破表皮，反复轻轻揉搓，挤出软毛中的空气，用笊篱沥干净水分。

4　用软布适度地将水擦去，为了能让盐更好地渍进去，不用擦得特别干。

5　上盐

在瓷器的底部铺薄薄的一层盐（如图 2）。

6　大的容器中放入适量的梅子，上面撒上一层盐（如图 3）。

7　在容器的底部铺上梅子，上面撒上一层盐，把剩下的梅子也按照同样的方法放到容器中（粗盐是最后用的，要多留一些）。梅子中不留缝隙，上面用剩下的盐封顶（如图 4）。

8　用重石压出水

盖上盖子（双手持盖用力压紧），放上压盖用的约 4kg 的重石压上（如图 5、图 6）。放到阴凉避光的地方静置，过几日后会有水出来，梅子的体积会变小。

9　一直用重石压着会将梅子压坏，换一个轻的东西（1kg）（如图 7）。10 天后水会被压出来，这就是"白梅醋"（如图 8）。

如果使用不新鲜的红紫苏的话做出来的梅干就会有杂质。从表面鉴别红紫苏的新鲜度比较难。不带枝，单是叶子的红紫苏很容易枯萎掉，所以在挑选的时候尽量选一些带枝的买

红梅醋（左）和白梅醋（右）。白梅醋呈现些许的桃粉色，做完过几日后粉色就会渐渐散去。红梅醋是腌渍去掉了涩味的红紫苏后去掉颜色跟味道剩下的液体。再加上切成薄片的胡萝卜就可以了，如果喜欢的话还可以加白糖和蜂蜜进去

（1）　　　　　　（2）
（3）　　　　　　（4）
（5）　　　　　　（6）
（7）　　　　　　（8）

制作方法（腌制紫苏叶）

1　选红紫苏

从茎上把叶子剥下来，由于背面是蓝色的叶子会使颜色变浅，所以选一些表里通红的叶子比较好（如图1）。

2　去掉灰汁（植物中涩味的成分）

在流水下清洗，洗净后用力把水分攥掉。

3　把紫苏叶放在大碗里，放入准备好的一半量的盐，双手（也可戴上手套）揉搓叶子（如图2、图3）。等黑色的液体慢慢渗出来后，双手使劲攥将灰汁除去（如图4）。灰汁成分会影响梅干的味道和颜色，所以我们要将其除掉。

4　将剩下的盐再放入碗里，用同样的方法揉搓，然后攥掉水分，扔掉挤出的灰汁。

5　吊色（做菜时让菜的成色变漂亮的一种方法）

加入1杯量的白梅醋（如图5），两手揉搓使紫苏的颜色渗出来，再用力攥紫苏叶。

6　腌渍

在盛放着梅子的容器中舀出一些白梅醋，再把梅子密密麻麻地摆在容器里，在最上面覆盖上一层紫苏，再倒入染了紫苏红的白梅醋（如图6）。盖上盖子保存3周，就能将梅子彻底染成红色。剩下的白梅醋可以留下来备用。

7　三伏天开始晾晒工作

将保存在容器中的梅子取出来（如图7）。红紫苏叶子攥去水分，晒到全干的程度后可以同本书45页中介绍的办法一样使用。

8　将梅子一个一个不重叠地摆放在滤器中，选晴天的日子持续晒3天即可（如图8）。

阳光下的工作

　　做梅干的最后一道工序是在三伏天中晾晒。这道工序是在梅雨季节刚刚结束后强烈的阳光下暴晒 3 天完成的。三伏天晾晒会让梅子的表皮变软，阳光还能顺便帮助杀菌，蒸发掉水分后的梅子也更加利于保存。这就是借助大自然的力量来使食物变得更加美味。这个过程中也有一些注意事项，比如梅子之间是否粘在一起变得不易于晾晒；也要注意天气是否要下雨，如果遇到阴雨天要及时将梅子收起来。根据大自然天气变化，以及食材在制作过程中细微的变化及时调整，最后的效果也会点点滴滴地反映在成品中。

梅干饭团

材料 /3 个的量

梅干……1 个

盐，蘸手水……适量

米饭（刚刚出锅的）……饭勺 3 勺的量（约 180g）

制作方法

1 把梅干分成 3 份，用于做 3 个饭团。准备好盐和蘸手水。

2 煮饭，煮好后从下往上翻搅匀。

3 蘸一些蘸手水，捏一小撮盐直接撒在米饭上搅匀。

4 盛 60g 左右的米饭，将梅干的 1/3 放在米饭的中心处，然后用手掌托起将梅干包起来，手指弯曲将饭团捏成三角形的样子。

> 直接用手掌握各种调料的量，是日本独有的料理方法。梅干饭团的味道取决于米饭和梅干的量，以及盐分的多少。手掌般大小就可以，用双手手掌紧紧攥住成型就可以了。

梅子酱

材料 /4 人份

大个梅干……5 个

干鲣鱼薄片……20g

甜料酒……2 小匙

炒白芝麻……2 小匙

用梅子与鲣鱼的味道作为米饭的佐料。

干鲣鱼薄片用做海鲜汤剩下的就可以，

用刀细细地切成小段放在锅里煎。

（1） （2） （3）

（4） （5） （6）

制作方法

1 煎干鲣鱼薄片

把干鲣鱼薄片放入锅（直径为 21cm）里小火开始煎。用木勺翻动薄片，变脆后就可以了（如图 1）。因为干鲣鱼薄片比较容易煳，在炒的过程中要注意火候。

2 炒到用手可以轻易弄碎的程度后出锅，包在一条干布巾里，然后用手揉搓，碎成细细的小片即可（如图 2、图 3）。

3 剁梅干

去掉梅子核，用菜刀剁成膏状为止（如图 4）。

4 将鲣鱼薄片与梅肉混合在一起

把 **2** 和 **3** 放入锅（直径为 15cm）里，点火开始煎（如图 5）。加入甜料酒，通过反复点火关火控制锅里的温度，直到薄片跟梅肉混合成酱状为止（如图 6）。撒上煎白芝麻，摊开待其变干即可。

由香

(1)

(2)

材料 / 适宜量

腌梅干的时候使用的红紫苏叶（见 40 页）……适量

白芝麻……2 小匙

(3)

制作方法

1 将紫苏叶攥掉水分，摊在容器中，放在通风良好
   的地方晾 4~5 天（如图 1）。

2 将 1 细细地切碎，放在研磨钵里细磨（如图 2、
   图 3）。

由香是紫苏的古代叫法。祖辈
宗家的柳原敏雄称其为由香粉，
将其制作方法的介绍记录在了
自著《料理几时记》中。

紫苏果子露

材料 / 适宜量

红紫苏……带茎紫苏 300g（需紫苏叶 180g）

热水……2L

柠檬汁……2 个柠檬的量

白糖……500g

制作方法

1 煮红紫苏

将紫苏叶从茎上剥下来洗净后把水分攥掉。将准备好的热水倒入搪瓷锅（直径为 21cm）中煮沸，然后加入紫苏叶开始煮（如图 1）。

2 将煮沸过程中的泡沫慢慢舀出来，等紫苏叶开始变绿后再去一遍泡沫，然后把准备好的柠檬汁加进去（如图 2、图 3）。3 分钟过后海鲜汤的颜色开始变成酒红色（如图 4）。

（1）

（2）

3 将紫苏中的水分去掉

将紫苏盛到漏网容器中，下面用普通容器垫住，这样海鲜汤就会顺着网孔流入下面接着的容器中，同时用木勺按压，尽量将紫苏中的水分去干净（如图 5）。

（3）

（4）

4 调味

将海鲜汤重新倒入锅中开大火煮。放入白糖搅拌均匀。沸腾后舀去泡沫（如图 6），将火关掉后自然冷却。

（5）

（6）

保存在可以密封的干净的瓶子中。按照几天量为一份均匀分开，就可以在夏天慢慢享用了

紫苏苏打水

材料

紫苏果子露、冰块、碳酸水……各取适量

制作方法

1 在玻璃杯中注入一半的紫苏果子露。

2 加冰块、碳酸水。

紫苏特有的香气和碳酸水的搭配，在夏季品尝最合适不过。将紫苏果子露里加入一些明胶做成果冻也是很棒的选择。

如上图，刚刚装好瓶的梅子酒颜色是清爽的绿色。过了几周之后就会慢慢变成琥珀色。左侧图片是泡了1年的梅子酒。冰糖化了之后便可以享用，但是要等到梅子的味道渗透到酒里，还需要时不时尝一下，在适宜的时候就可以完全放心地享用了

梅子酒

(1)

材料 / 适宜量

梅子 / 青梅……1kg

冰糖……600g

烧酒……1L

(2)

制作方法

1　青梅洗净后去梗，然后擦净表面的水分（如图1、图2）。如果残留水分的话就会影响到酒精度数，使得保存时间变短，所以要认真拭去水分。

2　把青梅和冰糖交错放入一个清洁的容器中（广口杯最好），再注入烧酒（如图3、图4）。因为冰糖的溶化速度比较慢，梅子酒的糖度上升速度也会相应地比较慢，这种情况下梅子表皮不会轻易变皱。

(3)

3　将盖子紧紧拧好，放在阴凉的暗处。泡到酒开始入味为止，需要静置几个星期到几个月不等。

作为夏季的饮品，可以在梅子酒中加入细细的冰，喝起来清凉爽口。
冬季的时候可以加碳酸水或者热水，以此来暖身体。

(4)

杏肉酱

材料 / 适宜量

杏……2kg

白糖……1.2kg

柠檬汁……3 个柠檬的量

杏的大量上市通常是在 6 月下旬到 7 月上旬。市场上卖的适宜做杏肉酱的杏通常味道比较酸，和生吃的品种有些不一样。挑选已经熟透的（没有青色）软的杏比较好

制作方法

1　杏的提前准备

将杏用清水洗净擦干，竖着沿杏本身切一圈豁口，将杏分成两半，然后用刀刃将杏核取出来。

2　煮杏

在搪瓷深锅（直径为 24cm）中加入杏和白糖，轻轻地用手搅动使白糖与杏混合均匀。再加入柠檬汁，大火开始加热。

3　用木勺上下翻动，使白糖充分融合到杏里面，中火煮。注意不要煮煳。煮沸后调节火候（使锅保持在沸腾状态下又不溢出），耐心地将锅中的泡沫舀出。泡沫由大开始变小，杏也开始随着变软。偶尔大幅度地搅动一下，防止锅底变煳。等锅中的杏变成糊状即可。

4　装在密封瓶里

用勺子将煮好的杏移到密封瓶里，不要装太满，防止热腾腾的果肉在水分蒸发的时候溢出来。将残留在瓶中的泡沫用汤匙舀出来。

5　杀菌

将密封瓶（扣上盖子但是不拧紧）放在沸腾的蒸锅的算子上，合上蒸锅盖蒸 10 分钟杀菌。

▌果子露与果肉充分融合，满满果肉感的杏肉酱。

青煮花椒

材料 / 适宜量

生花椒……50g

下煮汁……热水 3 杯，盐 4 大匙

盐水……水 1 杯，盐 1 大匙

制作方法

1 将花椒茎的部分去掉，只剩下果实（如图 1）。

2 在锅中放入事先准备好的下煮汁，煮沸后把花椒放进去，将锅中的泡沫舀出来后慢煮两分钟（如图 2）。

3 盛出来放在过滤网中将水滤干（如图 3），再将其放在加了冰的盐水中，静置冷却（如图 4）。

4 很快就能用完的情况下就可以将其连同盐水一起转移到一个干净的瓶子中，放入冰箱保存。想要长期保存的话，在将水分滤净，空气尽量排净的情况下冷冻保存。

花椒在5月开始大量上市，如果过了这个时期，花椒粒就会变大

（1）　　　　　　（2）

（3）　　　　　　（4）

花椒因为与鱼很搭配，所以常在煮食材的时候使用。

本书中介绍的是水煮带子香鱼（86 页），或者是煮各种小杂鱼（117 页）中使用的花椒。

> **花椒**
> 加在烤鱼旁边的用甜醋腌渍的带叶生姜被叫作姜，很早以前花椒也叫这个名字（这里花椒与姜的发音一样）。为了区别两种食材，现在花椒被叫作串花椒，带叶生姜被叫作块姜。

甜醋腌新生姜

5 月到 8 月上市的水分比较大的生姜被称作新生姜。将新生姜盖上土再发育而成的叫作老姜。甜醋渍姜也可以用老姜，但是用新生姜做出来的比较软，做成后会呈粉色

材料 /4 人份

新生姜……150g

甜醋……米醋 50mL，白糖 2 大匙，盐 1.5 小匙，
水 2 大匙

（1）

（2）

（3）

（4）

制作方法

1　用小刷子把姜洗净（带着皮去掉表面上的污垢即可）。

2　尖头的粉色部分要细心处理，顺着脉络薄薄地切片（如图 1）。

3　把姜放入锅（直径为 15cm）中，加水中火煮。一直煮到姜呈现透明状态即可（如图 2）。

4　盛在过滤网中，将水分滤干，趁热加入甜醋开始腌渍（如图 3）。刚煮好的时候颜色并不明显，加了甜醋片刻后就会呈现出樱花粉（如图 4）。

按照喜好可以搭配鱼、肉菜，或者寿司一起食用。除了新生姜之外，用来做姜汁汽水的材料也可以用类似的做法来享用。

6月上旬开始大批上市的藠头。产地很多，比较有名的是鸟取

腌薤头

（1）　　　　　　　　　　（2）

（3）　　　　　　　　　　（4）

材料 / 适宜量

薤头……1kg

食盐水……水 1L，盐 300g

甜醋……米醋 500mL，白糖 200g，盐半小匙

红辣椒……2 个

制作方法

1 准备食盐水

在锅中放入准备好的食盐水的材料，开中火直到盐充分溶解，关火等其冷却。

2 薤头的事前准备

将薤头一个一个地剥离分开，在流水下清洗，将外侧带泥的外皮去掉。

3 盛放到小碗中，在小碗中沿着碗边加热水，浸泡30 秒左右（如图 1）。将水滤净，转移到可以密封的瓶子中。

4 用食盐水开始腌渍

将 1 的食盐水加入到 3 的容器中，盖上盖子上下晃瓶身，使食材全部浸泡到盐水（如图 2）。在阴凉处静置两周。其间每天都要上下摇晃瓶身，使盐水充分浸泡到食材。

5 去盐

将薤头从密封瓶里取出转移到别的容器中，在容器中加水一直到淹没薤头为止。静置半天到 1 天的时间去盐。可以尝一下试试盐度合不合适，如果感觉还是很咸，就再放半天。

6 去皮

将水分滤干净，用刀将薤头的头部与根部切掉（如图 3），转移到大碗中。

7 在大碗中注入水，用手搓薤头把没有剥落的表皮弄干净（如图 4）。然后将水分滤干净。

8 做甜醋

在锅中放入做甜醋的调料，开中火，等白糖熔化后将已经去籽的红辣椒加进去，冷却。

9 甜醋开始腌渍

将 7 中的薤头放入保存容器中，上面放上红辣椒，合上盖子开始腌渍。第二天就可以食用了，但是腌上 1 周后更入味。其间放在阴凉的地方保存。

浇热水是为了保留薤头清脆的口感。不用甜醋腌渍，撒上盐也可以直接享用。

轻井泽　田地中的工作

　　大家印象中的轻井泽是个有避暑山庄，很适合夏季纳凉的好地方。但是我去轻井泽的时期并不只限于夏天。因为我还有一个去处，就是距离山庄 10 分钟车程的一处田地。就我本身而言，我很喜欢植物，所以我在位于东京赤坂（比较繁华的一个商业区）的家中光照很好的房顶上种植了柠檬、橄榄树、金橘，均养在大大的花钵里。另外，有一段时间我还曾在东京都内的一块农地中种过蔬菜。这次摄影师来的季节是夏季蔬菜长势最好的时期。儿子尚之和儿媳还有孙子也一起来了，大家一起帮忙收割了已经粒大饱满长势甚好的玉米。

　　折断茎收割完玉米后，我们会整理出多余的茎部，然后再将其放回田地。因为它也可以当作下一拨作物生长的肥料，提供营养。另外，收割时不要将连接果实和茎秆的部分剪得过短，因为剪下来的玉米过了一段时间后，切口处会变黑，为了防止其变黑我们会再剪一次切口。

　　春季到夏季，田间的草会长得非常快。为了防止田里杂草丛生，清除工作会非常辛苦。直接用手拔草会非常累，所以一般要借助耕耘机一类的机械来完成。收割过程是一项争分夺秒与时间赛跑的活计，茄子、黄瓜这一类植物从开始结果实后生长就会变得非常快。1周1次的收割频率是完全不够的。黄瓜这类蔬菜一瞬间就会成熟，稍一不留神就会变成名副其实的"黄瓜"。可以按照果实的大小来判断应该收割的时间。雨天一直持续的话肥料就会流失，

这一天，在短短的时间里，一成先生（书中的"我"）给我们介绍了很多关于田间蔬菜的知识。生长在低处的番茄会比较甜，所以不让番茄秧长太高是诀窍。马铃薯呢，不结果实的藤蔓就要剪掉，这样的话营养就会运输到有果实的地方，等等。尚之先生的长子修太郎也对田里的各种蔬菜表现出了浓厚的兴趣。一成先生积累的丰富的经验和智慧，通过这段与大家分享经验的过程，也在无形中达到了一种从父到子、从子到孙的传承了吧。

这个时候就要适时地追肥，受伤的果实就应该隔段时间再收割。应根据每个果实的生长状况去决定每个果实的收割时间。每年的收割量会发生变化，这个时候就要去思考是什么导致了产量的变化。做料理也是同样的道理。

总而言之，在田间的时光给了我很多元气，也让我感受到了生命的活力。

梅汁腌梅子干

　　夏季可以期待水灵灵的腌菜，如果觉得不喜欢食材单调的颜色，可以尝试一下用梅汁做什锦腌菜（如下页）。梅汁自带的红色可以起到装饰整个菜的作用。

　　另外值得一提的是，虽然我们一整年都可以吃到什锦腌菜，但是混合着紫叶一起腌制的什锦腌菜只能在夏季才能吃得到。紫叶指的是红紫苏的叶子。这里比较推荐的是黄瓜、茄子、白萝卜。不需要腌太久味道就会很好。

紫苏腌茄子

（1）

材料 / 1 人份

黄瓜……1 根

茄子……1 根

日本生姜……1 个

盐……1 小匙

红梅醋（参照 40 页）……2 大匙

（2）

制作方法

1　蔬菜的初步准备

制作泡菜的"紫苏腌茄子"。

将黄瓜、茄子、日本生姜各自纵向切半，再斜着切成薄片（如图 1、图 2、图 3）。

（3）

2　去涩味

把切好的蔬菜分别放在小盆里，并在上面撒上盐。10 分钟左右涩味汁液慢慢出现，蔬菜变得干瘪后，再用手将蔬菜中的涩味汁液攥掉（如图 4）。

3　水分挤出来后，将黄瓜和茄子放在同一个小盆中。用水冲掉表面的咸盐（如图 5），然后再将水攥干净。

（4）

4　腌制

浇上红梅醋（如图 6）。再将日本生姜放在两侧进行腌制，会更容易上色（如图 7）。

浅泡菜（用盐小渍片刻的做法）和蓝紫苏拌在一起食用，也是很美味的。将茄子和黄瓜切成较大块以同样的做法腌制的话，呈现出的是口感清脆的紫苏腌茄子。放在干净密封的容器里，放入冰箱冷藏，可以短暂地保存几天。

（5）

（6）

（7）

米糠咸菜

（1）

材料 / 适宜量

米糠……2kg

水……2L

盐……400g

调味用的蔬菜（不可食用）……红辣椒，老姜，大头菜外面的叶子，胡萝卜皮，切剩下的大萝卜头，其他废弃的蔬菜叶子

※ 叶子比较容易发酵出乳酸菌。

（2）

制作方法

1 **制作米糠**

在准备好的水中放入盐，加热至沸腾后再让其冷却。通过加热可以杀死水中的细菌，制作出较浓的盐水（如图1）。

2 在稍微大一点的锅中放入一半的米糠。然后用木质的马勺炒米糠，注意不要将米糠炒焦。这样做能将余下的细菌杀死，还可以使气味更好闻一些（如图2）。

（3）

3 整体颜色发生变化后，再将米糠放在报纸上铺开散热。

4 炒熟的米糠冷却后，和其余的生米糠放在一起搅拌（如图3）。再将搅拌好的米糠的一半放入腌制的容器中。

5 将冷却后的盐水一点点加在4的容器中（如图4）。

（4）

6 用手搅拌均匀后，再将其余的米糠放入容器中继续搅拌。然后将表面用手抹平（如图5）。在这步中，如果有条件的话，可以放些许别人用过的米糠。这样的话可以加快发酵，让米糠快速发酵好。关于容器的大小，米糠深度大约在七八成最佳。这样有助于搅拌。

7 **处理调味用的蔬菜**

将调味用的蔬菜放入6的容器中，让它们沉淀在米糠里。在大头菜的菜叶内侧包些米糠后，再让其沉淀在米糠里（如图6）。

（5）

8 再把米糠的表面抚平。由于侧壁比较容易进入细菌，用拧干的湿毛巾把侧壁擦干净。每隔1~2天，更换一次蔬菜。

9 要放在避免阳光直射的地方储存，比如厨房等相对凉爽的地方。每天搅拌米糠并坚持一个星期，使耐盐性的乳酸菌增加，更容易发酵。调味用的蔬菜用光后，就可以腌制了。用新做出来的米糠腌制的话，起初的味道会偏咸。2~3周后，咸味渐渐变淡，乳酸菌也变得稳定，再腌制出来的泡菜会变得更加美味。所以坚持腌制下去很重要。

（6）

图为米糠腌制的泡菜和紫苏腌菜的拼盘。即使用的是同一种蔬菜，腌制方法不同，味道也自然会有所不同。

腌泡菜

选择比较新鲜的蔬菜来进行腌制。如果想着反正还要发酵腌制，就选用冰箱里存放了一段时间的蔬菜的话，腌制出来的泡菜的颜色和味道都会变差。本书中选择黄瓜、茄子、芜菁、胡萝卜来腌制，当然也可以选择大萝卜、竹笋、生姜、芋头、山独活、南瓜、大头菜、芹菜、日本生姜等来腌制。

茄子

米糠如果酸性太强的话，腌制出来的泡菜颜色会不太好，所以可以用少许明矾以及半小匙盐，打磨洗过的茄子。然后把茄子插入米糠中，茎叶的部分留在外面，这样比较容易找到茄子。腌制3~5小时。腌制时间过长的话，茄子外皮美丽的紫色会被破坏掉。

黄瓜、竹笋

取半小匙盐打磨黄瓜。黄瓜的绿色有些变淡后，插入米糠中腌制。夏天的话腌制3小时即可。

大萝卜、胡萝卜

把大萝卜和胡萝卜切段，约10cm即可。去皮，用盐打磨。然后插入米糠中，放置一晚即可。

其他蔬菜

绿色蔬菜直接用盐打磨，根茎蔬菜去皮后再用盐打磨。蔬菜大小不同，腌制时间的长短也自然会有所不同。

想要节省在米糠中寻找腌好的泡菜的时间，将蔬菜的一端稍微露出一点即可

梅子煮沙丁鱼

材料 / 适宜量

沙丁鱼······1kg（10 条左右）

老姜······10g

A······醋 2 大匙，酱油 4 大匙，甜料酒 4 大匙

梅干······2 个

水······1 杯

美酒······400mL 水里加 100mL 酒

生姜丝······10g

可以适量地多买一些沙丁鱼，6 月份正是沙丁鱼脂肪量变多的季节，价格也相应便宜。沙丁鱼因背部的模样也被称作"七星鱼"

制作方法

沙丁鱼的事前处理

1 用流水洗净鳞片（如图 1）。

2 用刀切掉鱼头（如图 2）。

3 鱼身切成大小相同的 3 段后扔掉鱼尾（如图 3）。

4 用手指按压挤出内脏，这样一来不用切开腹部也能进行处理。用手指难插入的地方可以用筷子取出（如图 4）。

5 用牙刷洗净内部血液后，置于盆中放入大量盐，腌制 20~30 分钟。内脏和血液去除干净后，鱼腥味也可去除（如图 5）。

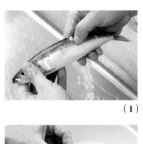

（1）

（2）

（3）

（4）

（5）

烹煮

6 在直径 27cm 的锅中铺上竹子的外皮，再将沙丁鱼并排摆在竹子皮上。

7 生姜切成薄片，并与 A 一同入锅。再用准备好的竹子皮将其全部盖好，大火烹煮（如图 6、图 7）。

8 沸腾后，加入切碎的梅干与适量的水（如图 8）。

9 再将竹子皮盖好。调节火的大小，使海鲜汤刚好可以碰到竹子皮盖子，等锅内海鲜汤开始变少后缓缓加入事先准备好的美酒（如图 9），继续烹煮（如图 10）。

10 装盘，放入姜丝。

（6）

（7）

（8）

（9）

没有竹子皮的情况下可以使用菜板

（10）

做好的料理混合着梅子香，沁人心脾。因为煮的火候到位鱼骨也变得很软。可以用之前腌制好的梅干，色泽稍微褪去一些的也可以。

竹荚鱼干

材料 / 4 人份

竹荚鱼……4 条（100g）

盐水……水 3 杯，盐 4.5 大匙

处理鱼用的盐水……水 2 杯，盐 1 大匙

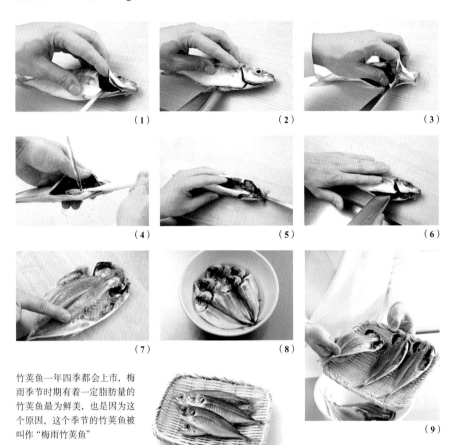

（1）　（2）　（3）

（4）　（5）　（6）

（7）　（8）

竹荚鱼一年四季都会上市，梅雨季节时期有着一定脂肪量的竹荚鱼最为鲜美，也是因为这个原因，这个季节的竹荚鱼被叫作"梅雨竹荚鱼"

（9）

制作方法

1　用刀小心去除鱼鳞。掀开鱼鳃（如图 1），沿着下巴到肛门用刀切开腹部（如图 2）。

2　按住鱼鳃，切断与鱼头的连接处之后可直接摘除内脏（如图 3）。

3　用刀在肾脏（鱼骨中间黑色的部分）处切开一个小口，使其易于用流水冲洗。再用牙刷之类的工具洗干净（如图 4）。最后用厨房用纸吸干水分。

4　腹部内侧向上放置，从腹部内侧向背部插入菜刀，将鱼头切成两半（如图 5）。

5　鱼头朝右，腹部朝前，沿着中间的鱼骨从头部向尾部方向切开（如图 6）。注意不要切断背部。图片中手按着的就是鱼的脂肪部分，呈白色，同时能看出来有一定的脂肪含量（如图 7）。

6　用牙刷将鱼身用流水清洗干净。特别是鱼骨中的肾脏。

7　将鱼放入盛有盐水的盆中浸泡 20 分钟。鱼的大小不同，浸泡的时间也随之不同（如图 8）。

8　擦干水后将鱼摆在滤器中，放在通风处风干一晚（如图 9）。

9　用专用烤架烤鱼，置于盘中，放入适量白萝卜泥。

> 外脆里嫩，不是这个时节上市的通身滚圆的竹荚鱼，是做不出这样的口感的。

手工料理过程中感受食物本来的味道

　　手工料理的妙处就在于可以感受到食物本身的味道。近年来，消费市场开始出现少盐的趋势，受消费者的喜好影响，盐的用量有所减少，并且为了迎合大众的口味，增加了糖分的使用，为了保鲜还加入了保存剂。

　　鱼干是为了方便保存，但是考虑到食物本身的鲜美，做出来后尽快食用才是最好的办法。在最好的状态下享用食物在自然状态下本身的味道，这才是手工制作的王道。这就需要我们对季节或者食材保持敏感度，动起手来尝试手工制作食物。

柚子胡椒

材料 / 适宜量

青柚子……2 个

青辣椒……20 个（50g）

盐……2 大匙

夏季的青色的柚子和辣椒能让我们从菜肴里感受到清凉感。冬季就要使用黄柚子和红辣椒，迎合时节的果蔬更能体现出这个季节特有的味道

制作方法

1 **切青柚子和青辣椒**

将青辣椒切成一半，用刀刃将辣椒籽去掉（如图1）。纵向切丝后，再切成小碎末。将青柚子从下往上剥去表皮，将表皮白色的部分去掉，再切成碎末（如图2）。

2 放入研磨钵里磨碎，充分搅拌（如图3、图4）。

3 加上青柚子攥出的汁，可以使食材口感略软。

（1）

（2）

（3）

（4）

简单的食材做出了手工制作独有的风味。夏季凉面凉食，冬季火锅卤煮，正是迎合各个时节的风味食物。

甘酒

材料 / 4 人份

米……1 杯

水……700mL

酒曲……150mL

水……适量

生姜末和生姜汁……适量

> **亦可用于烹饪肉菜或做鱼**
>
> 步骤3中做出来的酒曲也可以用于做肉类和鱼类料理。将酒曲抹在食材上再去烤，食材本身的味道又添了一层风味。肉类的料理也会变得很容易煮烂。烹饪过程中注意不要烤焦。

制作方法

1 **先做出松软的饭**

将淘好的米加入 700mL 的水，将米抚平，尽量将饭焖得松软可口。

2 **在电饭锅中加入酒曲**

将 1 中的米放入电饭锅中，再加入酒曲，充分搅拌，使酒曲与米如图 1 中一样充分混合。

3 用饭勺将米尽量压平，用筷子将电饭锅盖抵住（如图 2、图 3），不要完全盖住。并盖上一片湿的厚毛巾用于压住锅盖。开启保温键，使锅内温度保持在 60℃左右。因为根据制造商的不同，锅内温度会有所不同，这个时候就需要用温度计来测量锅内温度，然后通过开关锅盖来调节锅内温度。在这个过程中切记不要按"焖饭"的按键。等过了 6 个小时后，酒曲就发好了（如图 4）。如果不是立刻要用，要在酒曲里加入 100mL 水，放在火上加热，这样就能防止酒曲继续发酵。

4 **做甘酒**

转移到锅中，根据个人喜好加水调成喜欢的浓度。加热再加入生姜，冷却后就可以在夏天饮用了。

（1） （2）

（3） （4）

> 夏天的甘酒充分发挥了米自然的甘甜，并因为富含维生素，可以在夏天饮用治愈我们的身心。

从新生命中感受转瞬即逝的香气和味道

去感受生命迸发那一瞬间的气势，或者是享受等待季节到来的那种喜悦感，是我们一直都有的一个风俗习惯。古人流传着这样一种说法：如果能吃到新鲜的某种最初的东西，生命就会延长72天。我一直认为，日本人的心中一直都有一种想享受到生命最初的气势，接近信仰的东西存在。

举个例子，新茶、新海苔、新马铃薯、新生姜、新米，等等，这些一年中最先获取到的东西都被冠以"新"字，宣告着一年中每个时节的到来。

其中，新茶不仅可以炒茶叶泡茶用，也可以做新茶泡饭，如果能入手生茶叶，还可以用于切碎油炸，入油锅一瞬间的香气就会让人得到感官上的享受。

新茶泡饭有很多的制作方法，但是在柳原家的食谱中，在白米饭中放入适量的水，然后加少许盐开始煮，蒸完后将切碎的新茶叶放入其中，充分搅拌即可享用。

少许盐的咸味正好可以引出新茶的香气，使其充分发挥出来。

如果想做切碎油炸，但又没有生茶叶，也可以用刚刚煎好的新茶。取泡过一次的茶叶和樱虾入锅炸，然后撒上薄薄的一层盐。用普通的煎茶也会很好吃，但是用新茶做出来就会更添一份鲜美。

说起做天妇罗的食材，在出新茶之前的时节，树柿的新芽、紫藤花的花蕾，都很受欢迎。它们与山菜都是一样的时节，所以经常会一起出现在大众的餐桌上。

初夏中长起来的生姜也有很多种吃法。因为新生姜皮很薄很软，所以洗净后可以直接食用。代表性吃法就是甜醋腌新生姜（见53页）。另外它也可以用来做生姜汽水。新生姜做出来的汽水会被大家称为"新生姜甘露"。

用甜醋腌的时候，有使用煮完新生姜的海鲜汤直接做的方法，这里想同时跟大家介绍将新生姜的甘甜发挥出来的方法。

将姜认真洗净，带皮切成略厚的小片，为了去掉姜的涩味，把姜片放入已加了一把盐的热水中大火煮2分钟。掀开锅盖，将3杯已加了2大匙白糖的水放入锅中，煮大约5分钟，这时候锅中开始变成淡茶色。白糖的量可以按照个人喜好来调节。将海鲜汤过滤出来，就是"新生姜甘露"了。

将其放入玻璃瓶中，在冰箱中保存。可以兑水、碳酸水，或者兑一定量的酒做鸡尾酒。解暑气用的话可以加热水一起饮用。煮过的生姜可以摊在广口盘里晾干，撒上白糖，去掉了辛辣味的姜片是柳原家非常受欢迎的一种美食。

秋日的手工料理

提起秋天我们一定会想到栗子。栗子也是一种很值得一做的食材。栗子味甘甜，可以直接跟白米饭一起食用，换一种吃法出现在人们的饭桌上。

在冬天到来之前，山川让我们见识到了大自然的惠赠，通常市场上都是干豆，这个时候也开始渐渐出现新豆。

剥栗子的方法 ※ 栗子皮很硬，注意不要弄伤手指。

去外壳

1 用菜刀稍微去掉一些栗子的外壳，慢慢撕开切口，将刀刃插进去（如图1）。
2 用手指牢牢抵住，用菜刀的刀刃撕开表皮，慢慢剥出栗子的平面（如图2）。
3 用手剥掉剩余的外壳（如图3、图4）。

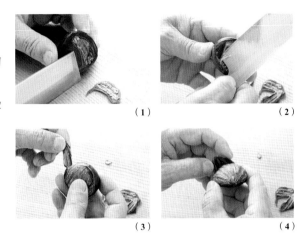

（1）　　　　　　　　　　　　　（2）

（3）　　　　　　　　　　　　　（4）

去薄皮

1 给栗子（如图1）切一个底座。不要切太深，能自己立住就可以。
2 用刀沿着平面开始去皮（如图2、图3），一直到隐隐约约能看到栗子果仁的程度。
3 从底座的一端开始往上切（如图4）。
4 栗子底部凹进去的部分的薄皮用刀切成"V"字形去掉（如图5—图8）。每个栗子的薄皮量各不相同。
5 残留的薄皮可以分几次尽量去干净。

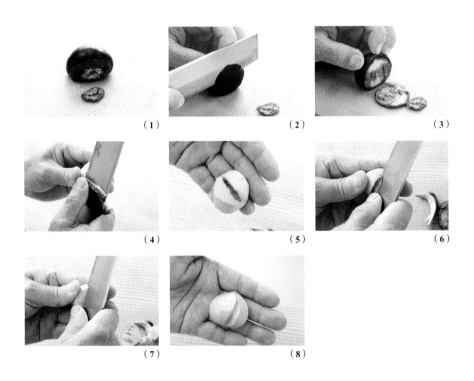

（1）　　　　　　　　　　（2）　　　　　　　　　　（3）

（4）　　　　　　　　　　（5）　　　　　　　　　　（6）

（7）　　　　　　　　　　（8）

煮薄皮栗子

材料 / 适宜量

栗子（带外壳）……300g

小苏打……半小匙

白糖……150g

酱油……2 小匙

制作方法

1　**栗子的事前准备**

　　用刀去掉外壳，注意在此过程中不要伤到栗子的薄皮。

2　在直径 21cm 的锅里放入栗子，倒入刚好没过栗子深度的水，加入小苏打，中火煮 20~30 分钟，一直到锅中出现小串的气泡为止（如图 1、图 2）。中途水不够的时候可以适时加入。锅中出现的细沫最后会被洗净，所以不用介意。

3　**去涩味**

　　将 2 中煮过栗子的水倒掉，用水将栗子洗净（如图 3）。边冷却边去掉影响口感的细沫和薄皮的果蒂部分（如图 4）。

4　将洗净的栗子放入锅中，加水的同时开火。煮 2~3 分钟，沸腾后将锅中的水倒掉（如图 5）。

5　**炖熟**

　　将 4 中再次加水，开火煮。水沸腾后转成中火，将准备好的白糖分 3 次加入锅中。加入白糖后煮 5 分钟再加第二次（加入白糖后栗子会变硬）。等锅中的水煮到一半的时候，加入酱油，关火（如图 6）。

6　用纸盖将锅盖上，放置一晚（如图 7）。

（1）　　（2）　　（3）　　（4）

（5）　　（6）　　（7）

等栗子一点点煮软后再慢慢加糖，一直煮到中间松软为止。煮破了的栗子可以取出来尝味道。

大煮栗子

材料 / 适宜量

带壳栗子……500g

明矾水……水 4 杯，烧明矾 1 小匙

栀子果……2 个

水……2 杯

白糖……180g

盐……半小匙

（1）

（2）

制作方法

1　**栗子的事前准备**

　　将栗子连壳带皮一起剥离（参照 75 页），加入明矾水浸泡 30~40 分钟。

2　**煮栗子**

　　用水洗净，将栗子放入直径 21cm 的锅中，加入事先准备的分量外的水直到没过栗子为止。再将栀子果切半放入锅中。煮到锅中开始出现细泡，颜色变为橘黄色为止。

3　**炖熟**

　　用水洗净再放入锅中，加入事先准备的分量中的水。加入白糖、盐，盖上有通气孔的盖子文火煮 10 分钟即可（如图 2）。

4　盖上有通气孔的盖子放置一晚。

用清洁的玻璃瓶密闭保存。过年的菜肴用的金栗子也可以在这个时候保存下来。

栗子仙贝与炸银杏

材料 / 4 人份

剥过皮的栗子……4 个

银杏……8 个

煎炸油、盐……适量

制作方法

1 银杏去壳

银杏尖头部分向上置于砧板，用刀背敲打外壳，待外壳敲碎后将外壳剥下（如图 1、图 2）。

2 切栗子

用刀去掉栗子的外壳和薄皮（参照 75 页），切成 1mm 的薄片后置于水中。由于切时栗子易碎，一定要前后移动刀刃轻轻下刀（如图 3）。

3 炸栗子和银杏

将油温加热到 170℃。将 **2** 中泡过的栗子沥干擦拭水分，放入热油中炸至淡红色（如图 4）。注意不要让栗子粘到一起。炸好的栗子放在铺有宣纸的用来盛放煎炸食物的器皿中，撒上些许盐。

4 用 160℃的热油炸银杏。银杏炸至透明后放在用来盛放煎炸食物的器皿中，剥去外皮后撒上些许盐。再用细竹签穿起来，并与 **3** 中做好的栗子一起装盘。

（1）

（2）

（3）

（4）

栗子仙贝清脆的口感正是属于秋天的美味，也是深秋夜晚的下酒菜。

栗子饭

材料 / 4 人份

米……2.5 杯

去皮栗子……300g

明矾水……水 3 杯，烧明矾 2 小匙

水……575mL

甜料酒……1 大匙

芝麻盐……适量

（1）

（2）

制作方法

1   **淘米**

    提前一个小时将米淘好，放在滤器中备用。

2   **栗子的事前准备**

    用刀去掉栗子的外壳和薄皮（参照 75 页），切成 4 小块或者 6 小块（如图 1）。切好的栗子放在明矾水中浸泡 30 分钟后，用水洗净放入滤器中备用（如图 2）。

3   **煮米饭**

    将淘好的米放入锅中并加入适量的水和甜料酒，搅拌。放入栗子后开始煮饭。注意不要把米饭煮焦。

4   煮好的饭焖 10 分钟后再轻轻搅拌。然后将饭盛出后撒上芝麻盐。

将栗子的甜味提取出来的秘诀在于甜料酒。其次就是最后撒上的芝麻盐。

小毛栗

在轻井泽山庄的附近有栗子树。一到秋天，就会结出大拇指指尖大小的果实。这种果实就是毛栗。去皮后会发现树上毛栗的果实很柔软。用它连同薄皮一起做成的栗子饭，只有在9月末到10月上旬的短短两个星期才可以享用。如果有拾栗子的机会，一定要尝试做一次栗子饭。米饭呈浅黄色，小栗子的味道浓郁。很久以前的栗子饭也许就是这样子的吧。

毛栗饭

材料 / 4 人份

新米……1.5 杯

糯米……半杯

水……480mL

毛栗……150g

甜料酒……1 大匙

芝麻盐（参照下文）……适量

制作方法

1　淘米

将新米和糯米一起淘，然后放在水中浸泡 30 分钟让其吸收水分。

2　毛栗去壳

用刀从下至上剥去毛栗的外壳（如图 1）。为了避免破坏薄皮，用刀剥壳到一半时可以改用手剥壳（如图 2）。然后轻轻地将 2 个毛栗摩擦着洗净。

3　煮饭

放入 **1** 和 **2**，再放入甜料酒开始煮。煮好后焖 10 分钟，再搅拌均匀。盛入饭碗中，撒上芝麻盐。

（1）

（2）

> 毛栗即使是带着薄皮一起煮也不会有苦味。饭会变成美味的淡粉色。

有淡淡甜味的米饭，拌着芝麻盐一起享用。2 小匙黑芝麻在锅中煎炒，关火后借着余热再放入 1 小匙盐煎炒。煎炒到用手指尖将芝麻碾碎后指尖会染上些许黑色的程度。如果是茶色的话说明炒焦了，如果是偏白色的话再煎炒一会儿即可

松茸饭

材料 / 4 人份

米……2 杯半

松茸……1 个

水……575mL

酱油……1 大匙

酒……1 大匙

盐……半小匙

如果要做松茸饭的话，开伞松茸（老松茸）最为合适。其他时期的松茸形态以及味道更适合用陶壶做炖菜

制作方法

1 **准备米**

   煮饭前将米淘好后，放入滤器中备用。

2 **准备松茸**

   将松茸伞状部向上用流水清洗。然后清洗蘑菇根。再轻轻冲洗后用毛巾擦干水分。像削铅笔那样削蘑菇根，如果根部较长就切半后再切成 4~5cm 的长条（如图 1、图 2）。

3 **煮饭**

   将淘好的米放入锅中，加入适量的水、酱油、酒、盐，开始大火煮饭（如图 3）。沸腾后放入松茸，中火煮（如图 4）。等锅内水开始减少后改用小火煮至熟。关火前，将火调大 10 秒后再关火。

4 煮好饭后焖 10 分钟。然后将饭上下搅拌后盛入饭碗。

（1）　　　　（2）

（3）　　　　（4）

掀开锅盖将饭盛入碗中，扑面而来的香味也是一种享受。

红叶腌鲑鱼

材料 / 4 人份

咸鲑鱼子……230g 左右（弄碎后 200g）

盐……1 大匙 +1 小匙

A……淡口酱油 1 大匙，酒 1 大匙，盐少量

制作方法

1　**将咸鲑鱼子弄碎**

　　将鲑鱼子的薄皮用手纵向撕开（如图 1）。

2　将方格网罩在小盆上，将刚才处理过的一面朝下，慢慢地用手将鱼卵搓掉（如图 2）。将带着血管的一面表膜拿掉。

3　**将血洗净**

　　撒一大匙盐，立刻浇上热水，搅拌，迅速将小盆中的水倒掉再加一小匙盐，放在冷水下冷却（如图 3—图 7）。

4　将水过滤掉后，仔细地摘掉因为加热固化的表膜和血管（如图 8）。

5　**加腌渍用调料**

　　用准备好的调料 A（如图 9）。放置一晚上将水分过滤掉。放入有盖的玻璃容器中。放入冰箱中冷藏保存。

（1）　　　　　　　　（2）

（3）　　　　　　　　（4）

（5）　　　　　　　　（6）

（7）　　　　　　　　（8）

（9）

浇热水的时候有臭味是因为还有残留着的血，将其彻底去除干净就没有问题。开火加热也没有问题。不用害怕，只需快速进行整个过程即可。

水煮带子香鱼

材料 / 4 人份

带子的香鱼……4 条

A……水 2 杯，酒 40mL，淡口酱油 2.5 大匙

青煮花椒（见 52 页）……1 大匙

白糖……1 大匙

甜料酒……3 大匙

玉蕈……半袋

秋天能入手的是被称作"落川香鱼"（即为产卵顺流而下的香鱼）的香鱼，名字听上去有种悲伤的情怀。这种带子的香鱼入菜尤其美味，煮或烤都非常好吃

制作方法

1 **处理香鱼**

清洗香鱼，然后按压它的腹部，使鱼肚子中残留的粪便排出。

2 **烤后风干**

用烧烤架将鱼适度烧烤，烤至稍微变色即可。然后放在过滤的盆里风干 3~4 小时。图 1 中上方的是刚刚烤好的鱼，下方是风干后的鱼。去除多余的水分后，香味也会变得更加浓郁。

3 **煮**

将 2 中的鱼摆放在直径 24cm 的锅中，把 A 调和在一起然后放入锅中。盖上锅盖，中火煮约 15 分钟，海鲜汤便可沸腾（如图 2）。

4 再放入青煮花椒和白糖，再煮 5 分钟（如图 3）。然后再放入甜料酒，盖上锅盖继续煮 5 分钟（如图 4）。最后放入事先用水煮过并沥干水的玉蕈，关火冷却。刚做好时、变凉以后，无论什么时候享用都很美味。

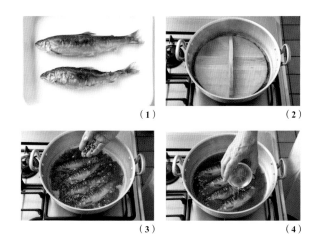

（1）　　　　　　　　　　（2）

（3）　　　　　　　　　　（4）

在鱼长肥之前可以做盐烤小香鱼，等到了秋天大多数就会成为带子香鱼，这个时候做味噌烤鱼串就会很美味。这些都需要根据所在时节的香鱼来决定如何烹饪。

醋熘菊花

材料 / 4 人份

黄菊（或者是紫菊）……1 袋

醋……1 大匙

盐……1 小匙

甜醋……醋 3 大匙，白糖 1 大匙，盐少许

海鲜汤……1 大匙

图中紫色的菊花是日本山形县特产的一
种菊花，吃起来比较脆

制作方法

1　摘菊花瓣清洗，放在滤器中控干水分（如图 1）。

2　在锅中将水煮沸，放入醋和盐，再放入黄菊继续煮。用筷子按住菊花防止它浮起来。煮 2 分钟左右，等菊
　　花花瓣变得透明，开始有香气溢出时即可（如图 2）。

3　在滤器上铺上布，用来过滤水（如图 3）。拿着布的四角，放在水下冲洗后拧干（如图 4）。注意不要拧得
　　太紧，否则不容易解开。

4　**调味**

　　移入盆中，加入调好的海鲜汤和甜醋，然后解开布。用甜醋拌好后放入冰箱保存即可。

（1）　　　　　　　　　　　（2）

（3）　　　　　　　　　　　（4）

代表着秋天的菊花被端上了餐桌。同日式拌菜放在
一起，享受这颜色和气味的乐趣吧！

腌紫苏籽

紫苏的叶子、花穗、籽，都是在日料中
不可缺少的食材

材料 / 适宜量

紫苏穗……160g

热水……3 杯

盐……3 大匙

盐水……水半杯，盐 1 大匙

制作方法

1　沿着紫苏穗的茎将紫苏籽摘下来（如图 1）。

2　**水煮**

　　在热水中加入盐，将 1 加入锅中，煮大约 1 分钟。盐的分量如果不够的话，煮出来就不会呈现图 2、图 3
　　中那样的绿色。

3　**放入盐水中腌**

　　转移到小盆中，放在冷水下冲，再放入冷盐水中（如图 4）腌 1 个小时。然后将盐水过滤掉，直接转移到
　　冰箱中进行保存。

（1）　　　　　（2）

（3）

（4）

腌紫苏籽可以用于和式腌制品中，或者跟一些甜
口食物一起食用。有了这道小菜，很多场合中可
以搭配别的料理一起享用。去掉水分后，冷冻在
冰箱里可以保存很久。

胡桃糯米饼

材料 / 适宜量

去皮胡桃……50g

小苏打……少许

白糖……1.5 大匙

酱油……半大匙

酒……半大匙

糯米饼……1 人 1 个

制作方法

1 剥掉胡桃内皮

在锅中放入大量水，加入小苏打，等水沸腾后将胡桃放入锅中，煮 2 分钟后捞出。用细签将胡桃上的内皮去掉（如图 1）。

2 做调味汁

留少量切碎用，起初块会比较大，用捣碎棒将其捣碎（如图 2），然后放入研磨钵中，一直捣到出油为止。再加入白糖、酒、酱油充分混合（如图 3）。如果觉得硬可以适当再加点水调整一下（如图 4）。

3 跟糯米饼一起食用

将 2 中的调味汁和研磨成末的胡桃放入切成一半的糯米饼中。

（1） （2）

（3） （4）

胡桃这个词正是借用了"久留美"这几个字的发音，寓意将美好长久地留住。另外这一章中做的调味汁也可以用于煮春菊或者煮其他青菜的时候一起享用。

豆类中特殊的存在——小豆

　　豆类开始大量出现的季节是秋天。比较有代表性的是小豆和大豆，日本从古时候的绳文时代起，就开始食用这两种豆类。

　　小豆因为本身是红色的，而经常被联想成太阳的信仰，因此也被人们倍加珍惜。红小豆作为一种被广泛食用的食材，宜全国广泛种植，用于做红豆饭、豆馅等很多食物，深受人们的喜爱。别的种类的豆子都需要浸泡一晚上才可以使用，红小豆却只需要一会儿的工夫便可使用。这应该也是红小豆被如此广泛普及的原因之一吧。另一方面，大豆经常被用于做豆腐、味噌等，也是和食中必不可少的一种食材，深深地影响着日本的饮食文化。

煮大正金时豆

材料 / 适宜量

大正金时豆……1 杯

小苏打……1/4 小匙

热水……豆子的 3 倍量

白糖……40g

三温糖（日本特产，呈褐色，常用于煮食）……80g

盐……小半匙

白糖（追加份）……1 大匙

制作方法

1 浸泡（前一天晚上）

将大正金时豆用水洗净，放入已加入小苏打的小盆中，加入事先准备的热水，放置一晚上（如图 1）。

2 煮豆

第二天将浸泡了一晚上的大正金时豆连带着水一起倒入直径 21cm 的锅中，煮至沸腾。用小匙轻轻撇去泡沫，将火调弱，继续煮 40 分钟左右直到豆子变软。煮的过程中如果水变少，豆子开始浮出水面的话，适量加入分量外的热水。

（1）

3 加调料煮

等豆子变软后加入白糖、三温糖（如图 2），将火调大。用勺轻轻搅拌豆子使加入的白糖充分溶化。水开始渐渐往上溢的时候，用勺撇去泡沫（如图 3）。

4 调至中火，盖上盖子继续煮一会儿。至锅中的豆子开始出现光泽的时候，加盐继续煮（如图 4）。

5 等锅中水分开始变少，煮汁变成黏黏的状态时追加糖，用筷子轻轻地搅动使其充分融合（如图 5）。再一次开大火，煮一会儿待豆子出现光泽后就可以了。

（2）

做煮豆的时候不容易失败的是煮大正金时豆。在小钵或者便当盒的角落放上一点，甜甜的味道也会打开食欲。

（3）

（4）

（5）

蜜豆、豆沙水果凉粉

材料 / 适宜量

红豌豆……80g

小苏打……1/6 小匙

热水……2 杯

盐……半小匙

洋菜粉……洋菜 80g，水 500g，醋 1.5 小匙

黑蜜……黑白糖 40g，三温糖 100g，水 150g

杏子（用于做豆沙水果凉粉）……干杏 4 个，水 100mL，白糖 2 大匙

豆沙（用于做豆沙水果凉粉）……适量

（1）

（2）

制作方法（红豌豆）

1 浸泡豆子（前一天晚上）

将红豌豆用水洗净，放入已加入小苏打的小盆中，加入事先准备的热水，放置一晚上。

2 煮豆

第二天将浸泡了一晚上的红豌豆连带着水一起倒入直径 21cm 的锅中，煮至沸腾。用小匙轻轻撇去泡沫，将火调弱，继续煮直到红豌豆颜色开始变黑（如图 1）。转移到小盆中用水洗。

3 将豆子放入锅中，加盐，加水至淹没豆子的程度。煮的过程中要不时撇去泡沫（如图 2），直到豆子开始变软。

制作方法（洋菜粉）

1 将洋菜粉浸泡（前一天晚上）

加事先准备的分量外的水泡洋菜粉，浸泡一晚上。

2 煮化开后使其凝固

第二天将撕碎的洋菜粉加入事先准备的分量中的水中（如图 1），再加入醋煮化（如图 2）。

3 用小筛子将其过滤到中型号（140mm×110mm×45mm）的方形过滤水槽中（如图 3）。用火柴头的小火苗（如图 4）除掉小气泡（使气泡内空气受热膨胀）。再将其冷却凝固。

（1）

（2）

（3）

（4）

制作方法（黑蜜）

1 将黑白糖切细。

2 将所有材料都放入锅中（如图1），开火加热。片刻后白糖开始溶化，保持锅内食材不溢出的火候，撇去慢慢出现的泡沫（如图2）。一直加热到锅内开始变成黏稠状为止。注意不要烧焦，锅内的糖液也开始慢慢泛起光泽。

3 将锅从火上端离，用勺舀一点试试黏度（如图3），至有一定的黏稠度，但是还能顺利地往下流的程度就可以了。在此要强调的是，如果黏度过高的话，冷却的时候就会变硬。

制作方法（杏子）

在锅中加入干杏、水、白糖，开火一直加热到水被蒸干为止。

装盘

将洋菜粉切成方块形，跟红豌豆一起盛到小玻璃碗里，如下图所示，浇上黑蜜。再加上豆沙以及自己喜欢的果脯（这里是杏干）就完成了一道豆沙水果凉粉。

（1）

（2）

（3）

> 不需要复杂的工序就可以尝到刚煮好的豆子的味道。在寒天（加在什锦果冻中的果冻部分）上放少许醋，可以让黑蜜和豆馅的甘甜变得更为爽口。

煮小豆的方法

黑蜜

1　洗净

尽量用新小豆，用水洗净后放入漏网容器中，滤干水分。

2　去掉涩味

在锅中放入小豆以及3倍于小豆分量的水开始加热。煮15分钟后等锅中的水开始变成红小豆色时（如图1），熄火，倒掉煮汁，将小豆盛到滤网容器中放在清水下冲洗。

3　煮小豆

将小豆再次放入锅中，再加入3倍于小豆量的水开始加热。沸腾后调成中火，煮的过程中将锅中出现的泡沫慢慢撇掉，一直煮到小豆开始变软为止。软硬度为用拇指和食指轻轻一捏可以捏碎的程度就可以了（如图2）。新小豆的话大致需要40分钟，陈小豆需要1个半小时。

> **不要将红小豆与其他的豆类放在同一个袋子中**
>
> 不要将红小豆与其他的豆类放在同一个袋子中。因为小豆的硬度各不一样，在煮的过程中会出现参差不齐的情况。如果做好的豆馅一次用不完的话，可以分成小份，放在冰箱里冷藏即可。

（1）

（2）

豆沙馅（呈颗粒状）

材料 / 适宜量

小豆……300g

白糖……150g

三温糖……150g

盐……1/3 小匙

制作方法

1　煮小豆

参照上文，将小豆煮软。

2　做豆馅

在直径为21cm的锅中放入1中的材料（如图1），大火加热，将白糖和三温糖分3次加入到锅中（依次为上一次加入的糖溶化后再加入第二次）。小豆开始出水时用木勺搅拌。掌握火候，同时注意锅底不要煳掉。此外，过分搅拌的话会弄碎小豆，所以要注意力度和频率。

3　等煮到小豆开始出现光泽后，往锅中加入盐继续煮（如图2）。

4　用木勺在锅底轻轻画"8"字搅拌，继续加热直到"8"字渐渐消去。

5　冷却

将锅中的小豆转移到方盘中，摊开来自然冷却（如图3）。

（1）

（2）

（3）

豆沙馅（呈糊状）

材料 / 适宜量

红豆……200g

水……100mL

粗白糖……100g

白糖……100g

盐……少许

（1）　（2）

（3）　（4）

（5）　（6）

（7）　（8）

制作方法

1　做生豆沙

　　煮红豆，煮到红豆变软为止（见99页）。

2　把一个网孔较大的滤器放在一个稍微大一点的盆里，把水一点点倒入的同时碾碎红豆。这样的话盆里会留下碾碎的红豆和水，滤器里会留下红豆的皮（如图1）。

3　2中盆里的水，再用网孔小的滤器过滤掉。取白色胚芽的部分（如图2）。

4　把3中的红豆放在事先准备好的白布袋里。将水滤干净。也可以把菜板斜着放在水槽里滤净水（如图3）。在这里尽量将水分处理干净，缩短之后加热的时间。

5　把豆沙从布袋中取出来。此时的豆沙还是生的（如图4）。

6　做红豆沙

　　在直径21cm的锅中加入事先准备好的水和粗白糖。中火加热使粗白糖溶化（如图5）。

7　把生豆沙放入锅中慢慢搅拌（如图6）。再放入白糖大火加热（如图7）。

8　加热出光泽之后把火调弱。加盐，用木勺搅拌豆沙直到可以见到锅底为止（如图8）。注意不要被烫伤。别忘记备好手套或者穿长袖衣服。

9　冷却

　　把提炼的红豆沙分成几小块，摆放在菜板上使其冷却。将表面摊开色泽就会很好地呈现出来（见对页图）。

把红豆沙提炼到刚刚好的程度，放在菜板上时便可以立起。

糯米饼红豆汤

材料 / 4 人份

豆沙馅（做法参照 99 页）……150g

水……适量

糯米饼……4 个

制作方法

1 将豆沙馅放入锅中加热，如果觉得豆沙硬的话可以适当加水来调节。充分搅拌加热使其溶化。

2 将糯米饼切成易食用的小块，烤成金黄色。

3 将糯米饼与 1 中的豆沙一起盛到碗里。

寒冷的日子里吃着丝丝香甜的红小豆糯米饼是件幸福的事。与腌紫苏籽（参照 90 页）或者盐渍海带搭配起来一起食用，入口后感知到的甘甜更为持久。

栗子小豆粥

材料 / 4 人份

软栗子……90g

水……1 杯

无花果果实……1 个

豆沙馅（做法见 100
页）……适量（根
据个人喜好加水调
节黏稠度）

制作方法

1　制作带色水

将无花果果实切半放入锅中，再加入事先准备好的水加热，等变成鲜亮的橘黄色
后，将橘黄色的汁水过滤出来盛放在容器里。

2　蒸软栗子

将软栗子放入滤网容器中洗净。将水分过滤，移入容器中，再倒入 1 中的汁水一
起移入蒸锅中，一直蒸到栗子变软为止（如图 1—图 3）

3　加热豆沙馅

把豆沙馅放入锅中，加适量水加热，至变松软即可。

4　装盘

把 2 放入碗中，再将热腾腾的 3 浇在上面。

（1）

（2）

（3）

三种牡丹饼

材料

豆沙团 10 个、黄豆粉团 10 个、芝麻 10 个的份

糯米……2 杯

水……480mL

豆沙……适量（见 100 页）

A……黄豆粉 3 大匙，白糖 2 大匙，盐 1 小匙

B……煎过的黑芝麻 3 大匙，白糖 2 大匙，盐半小匙

制作方法

1　煮糯米

在淘好的糯米中加入适量的水，浸泡半天后开始煮。

2　糯米团成型

把煮好的糯米饭团成小团。做成豆沙味的需 18g，做成黄豆粉和芝麻味的需 38g。

3　包豆沙

把湿的白布拧干摊开在手上。用木勺把豆沙盛出，并从指尖方向开始薄薄地推开置于白布上（如图 1）。再把之前团好的糯米团置于手心中央稍微偏于指尖的位置上（如图 2）。然后从指尖方向开始，用白布把豆沙包在糯米团外面。

4　再把白布摊开，豆沙粘到糯米上之后，会自然和白布分离（如图 3）。继续在白布上把形状包好，使糯米可以完全包在豆沙里（如图 4）。

5　裹上黄豆粉和芝麻

A 的黄豆粉、B 的芝麻分别调和好。然后把捏好的糯米团沾上黄豆粉和芝麻。

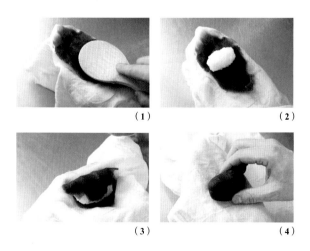

（1）　　　　　　　　（2）

（3）　　　　　　　　（4）

饮料中，料理中，一年上下都在发挥作用的葛

和式料理中，尤其是调料，在到达料理人手中之前会经过很多匠人的手。正是这一道道手工工序，使得食物变得无比美味。做干制鲣鱼的时候，浇汁的时间堪称世界最快（因为浇汁时间过长的话就会影响到食物的口感）。再如酱油，只需要这一样我们就可以享用鲜美的刺身料理。

在料理中，饮料制作中被广泛使用的葛根粉（从葛蔓植物的根部中提取出来的淀粉）是匠人们在寒冷的冬天里在水中经过数次提炼才制作出来的。葛是代表秋天的 7 种花草中的一种，这使我想起了为了寻找素材走遍全国的先代的近茶流宗家柳原敏雄说过的"将葛的花朵做成天妇罗会有紫藤花一样的味道出来"。

葛这种植物在吉野比较出名，因为产于国栖村（现为奈良县吉野町国栖，发音为 kuzu），所以被称为"kuzu"。也正是因为这个原因，当我们听到吉野煮（类似于关东煮的一种叫法）或者吉野醋之类的名字时都会跟葛联系到一起。古时候，作为一种珍贵药材，葛常被用于温暖身体。现在也常在感冒时或者肚子不舒服的时候，被做成葛根汤出现在人们的生活中。

天气寒冷，感觉要得感冒的时候，喝上一杯葛根汤就会缓解很多寒意。可以稍微放糖，或者根据喜好加一点柚子汁，掺上柚子皮一起喝也会很爽口。

做葛根汤的时候，保持水的沸腾很关键。先往热水里加入葛根粉和少许糖拌匀，再倒入"咝咝"作响烧得滚烫的水，用勺子转圈搅拌。注意这里不要一下子倒进去，而是要缓缓倒入来冲开锅内成团的葛根粉。等葛根粉全部溶开后再加热水慢慢熬。如果不这样的话，到最后锅内都会有干的葛根粉团。当然还有别的做法，比如直接把葛根和热水倒入锅中，加热开始煮，但是这样就不如上述那样能使葛根汤缓慢而均匀地受热，熬出来的效果自然也不如上一种做法。

在料理中，除了跟豆沙馅混在一起做之外，葛根夏天也可以做冷食点心。凉凉的口感加上入口即化的特质，作为夏天的消暑点心很受欢迎。葛根放在水中用手持几次后会变成纯度很高的物质。像这种质量比较上乘的葛根在做芝麻豆腐时是必不可少的。葛根本身带有的黏性用在料理中会增加丝丝润滑的口感。

在挑选葛根的时候，尽量选一些比较硬的，掰成可以放入容器中的长度，再用切丝器具将其切成细段方便使用。做葛根馅的时候，如果是板栗粉的话用等量的水就可以冲，葛根粉的话就需要用 2~3 倍的水。两种粉最大的不同就是板栗粉遇冷水后就会溶化，葛根粉遇冷水就会变黏，所以在做便当的时候，想在肉丸子上浇汁的话用葛根粉比较好。

冬日的手工料理

天气越冷，蔬菜越甜。咸菜正是因为这一特点，才可以如此美味。冬天空气干燥，花椒稚鱼等自制干货也能做得很好吃。一转眼就到了年底，为了迎接新年的到来，需要亲手制作的食品越来越多。

腌白菜

材料 / 适宜量

白菜……1/2 棵（1.5kg）

盐……白菜的 3%（45g）

红辣椒……3 个

制作方法

1　切白菜

把白菜竖着切成 4 块，根部也切掉（注意不要让白菜散了）（如图 1）。

（1）

2　放盐

在白菜的叶子之间撒满 1/4 的盐（如图 2）。表面也撒上，然后横着放入搪瓷容器里面。

（2）

3　剩下的白菜也做同样处理，把白菜放平，在表面撒满盐。留一点点盐，撒在最上面（如图 3）。

（3）

4　紧紧按压，把最上面压平（如图 4）。尽量不留空隙。

（4）

5　腌渍

把红辣椒铺开（有杀菌和提味儿的作用），压上一块重量是白菜两倍的石头（太重的话白菜会变硬）（如图 5、图 6）。压出水以后，就可以食用了。

（5）

▌这里腌渍了半棵白菜，也可以视情况来决定腌渍多少白菜。

（6）

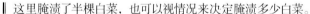

柚子萝卜

材料 / 适宜量

萝卜……300g

盐……1 小匙

柚子皮……1 片

调味醋……甜醋（见 8 页）2 大匙，海鲜汤 2 小匙

制作方法

1　准备萝卜

把萝卜去皮，切成若干底边长为 1.5cm 的长方体（如图 1）。

2　把切好的萝卜放入碗里，全部撒满盐，搅拌。注意如果用手揉，味道会变苦。

3　10 分钟之后如果看见有水分出来的话，再好好揉一揉。搅拌之后，放入其他碗里（如图 2）。

4　腌渍

向 3 的碗里加入调味醋、切成丝的柚子皮，搅拌。放置 10 分钟（如图 3）。

（1）

（2）

（3）

萝卜与柚子的约会。季节食材的相逢，会碰撞出加倍的美味。

暴腌咸萝卜

材料 / 适宜量

大萝卜……1 个（1.5kg 左右）

盐……萝卜净重的 5%

酒曲（见 70 页做法 1—3）……萝卜净重一半的量

制作方法

1 （萝卜预先腌好）

把萝卜切一半（配合容器大小来切），纵向用剥皮器厚厚削皮，切成 4 份。

2 整整齐齐排列，放入容器中。每一层全部撒满盐。尽可能旋转萝卜，每一个部位（包括间隙）都撒上盐（如图 1）。

3 把重量是萝卜两倍的石头压在萝卜上面，腌渍 1 周左右（如图 2）。

4 **停止酒曲的发酵**

酒曲如果没有加热的话，为了防止它变焦，要混合少量的水，放在火上使它呈温热状态，停止其发酵，冷却（如图 3）。

5 **开始腌渍**

萝卜中会有水分出来，开始变软。把水倒掉，擦掉萝卜表面的水分，并把酒曲涂在萝卜上面（如图 4）。把萝卜放回碗里，腌渍 1 周左右（为了卫生，应戴上塑料手套）（如图 5）。

> 富含曲子自然甘甜的腌渍物。不为保存，只为品尝那无与伦比的美味。

(1)

(2)

(3)

(4)

(5)

自制萝卜干。有少许绿色存留，彰显了它的新鲜。含在口中，就可以感受那股浓缩的甘甜

萝卜干

材料 / 适宜量
萝卜……1 个

（1）

制作方法
1 用剥皮器削皮，之后把萝卜削成竖长条（如图 1）。
2 在通风好、阳光充足的空间里搭一根绳子（用塑料绳搭的话，萝卜不会分开，容易处理），然后把萝卜条逐一搭在绳子上面。几天之后，使其完全干燥（图片在下一页）。

炒 / 煮萝卜干

材料 / 适宜量
萝卜干……25g

油炸豆腐……1 枚

芝麻油……2 小匙

海鲜汤……2/3 杯

白糖……2 大匙

酱油……2 小匙

酒……1 大匙

（1）

制作方法
1 **萝卜干浸水**

把萝卜干放入水中，一边揉一边洗，然后把萝卜干揉成一个团，留少量水分（如图 1）。

2 把呈团状的萝卜干放入竹篓中，放置 10 分钟（竹篓会吸收萝卜团中的水分）。

3 锅中烧好热水。把 2 切成 3~4cm 长的条，放入热水中煮，再次沸腾之后放入竹篓中让水分控出，只留少许即可。

4 **准备油炸豆腐**

把油炸豆腐放入热水中，除去油，竖着切成 6mm 宽的细长条。

5 **炒与煮**

在锅（直径为 21cm）中加热芝麻油，把 3 和 4 进行翻炒。等到萝卜干出现透明感，加入海鲜汤和白糖，盖上锅盖，中火煮 2 分钟。

6 加入酱油、酒，盖上锅盖再煮一会儿。等到海鲜汤变少后关火，一边冷却，一边使食材入味。

手工制作的萝卜干实际上非常美味。尽情品尝萝卜自然的味道吧！

时间是大自然的工匠

　　料理，尤其是炖菜，在关掉火之后的冷却过程中，味道才会慢慢浸入食材。与其花费精力做菜，不如让时间去煮出美味的料理。人们还可以利用这段时间，去做其他的事。

　　时间，为我们烹饪美食。制作干物也是同样的道理。萝卜干、高野豆腐、腌渍魔芋之外，和食所不能缺少的海带和其他季节干物也因为时间的流逝而慢慢风干，才有了与其他生的食品所不一样的味道。

　　"干物的制作，是因为干风的吹拂。"食材并非一定要被蒸煮，也可以被干燥的冷

风所风干。风为我们烹饪料理，风使食物有了独特的味道。

　　蒙受自然的恩惠，我们制作料理。这次所提及的制作萝卜干，如果说人的作用有多大，那么只能说，人负责把萝卜切成轻薄、细长的丝，然后风干。水水嫩嫩的、像纤维一样柔软的冬天的萝卜，一旦遇见干燥的空气和柔软的光，就可以慢慢干燥，长期保存，香气与味道也散发着自然的清新。在这个时刻，人们所要做的工作，只有静静等待。

把煮好的小杂鱼铺开，使表面快速干燥。口感会非
常棒，也增加了保存性。

花椒煮杂鱼干

材料 / 适宜量

小杂鱼干……50g

水……2 大匙

酒……2 大匙

青煮花椒（见 52 页）……1~2 大匙

淡口酱油……2 大匙

料酒……1 小匙

为了使食材保存本来的味道，可以用酒除臭。

和米饭一起食用的时候，为了使料理不硬，要用小的杂鱼干

（1）

（2）

（3）

制作方法

1 煮杂鱼干

待锅（直径为21cm）中满满的热水沸腾之后，向里面加入杂鱼干（如图1），一边把水舀出，一边煮 4~5 分钟，然后把杂鱼干放入竹篓中。

2 煎

向锅（直径为18cm）中加入 1 的杂鱼干、适量水和酒，用小火煎。

3 调味

等到海鲜汤沸腾，加入花椒（如图 2）和 2/3 的淡口酱油。用木制铲子搅拌。不要用力过猛，防止杂鱼干碎掉。

4 加入剩下的淡口酱油，一边用木制铲子搅拌，等到有好颜色（整体呈现浅色就是好颜色）出现，海鲜汤搅拌均匀，就可以煎了（如图 3）。做完之后，颜色会变深。

5 一旦海鲜汤被全部吸收，加入料酒，搅拌。注意加入料酒之后容易变焦。

6 干燥

放入竹篓中，使海鲜汤沥干。接着，全部摊在厨房用纸上干燥。

醋腌小斑鰶

材料 / 适宜量

斑鰶……8 条

盐……适量

醋……（洗涤用醋）适量

红辣椒……1 个

三杯醋……醋 50mL，白糖 1.5 大匙，盐少许，淡口酱油半小匙

小斑鰶鱼本来就很甜，与醋的结合，期待会
有不一样的味道

制作方法

1 准备小斑鰶

左手按住小斑鰶的头，用刀从尾部到头部，轻轻
把鱼鳞刮下，用水洗干净。

2 切掉头、尾鳍、背鳍、腹部下边沿，清洗内脏
（如图 1、图 2）。

3 切开腹部

把腹部放在跟前，不要破坏背部的皮，把腹部切
开（如图 3）。

4 切开腹部之后，取出鱼骨，同时切掉鳍（如图 4）。
腹部骨头也摘除（如图 5）。

5 用盐腌渍

把切开的小斑鰶排列开，用盐腌渍 30 分钟（如
图 6）。

6 去除产生的水分，用清水把臭味和盐冲走（如
图 7）。

7 立刻加醋，快速搅拌。倒掉醋，让味道变淡（如
图 8）。

8 用醋

在碗中加入小斑鰶和去掉种子的辣椒，再倒入三
杯醋入味（如图 9）。放在冰箱里 1 天至 1 周，第
三天或者第四天的时候味道最鲜美。

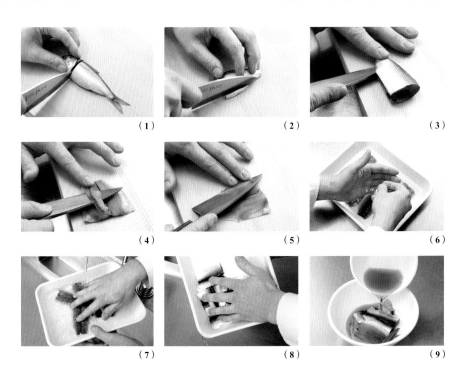

（1）　　　　　　（2）　　　　　　（3）

（4）　　　　　　（5）　　　　　　（6）

（7）　　　　　　（8）　　　　　　（9）

夏末的小鱼为了度过寒冬，开始囤积脂肪。用这种小鱼做的
开胃菜备受爱酒人士的喜爱。

糖拌柚子皮

材料 / 适宜量

柚子……2 个

盐……1/3 小匙

水……100mL

白糖……100g

细白糖……适量

进入冬天，柚子皮变成了深黄色。实际上，柚子水分很少，主要使用皮。带叶子的小柚子（图片里面的柚子）是我（柳原一成）栽培的

制作方法

1 **准备柚子皮**

把柚子纵向切成 4 块，剥皮（如图 1）。把皮继续切两半，用菜刀把皮上残留的线清理干净。

2 把盐、柚子皮放入足够的热水中，煮 4 分钟，放入竹篓中（如图 2）。

3 **做糖蜜**

向锅（直径 18cm）中加入事前准备的一定分量的水和白糖，点火，使白糖溶化。

4 **煮**

把柚子皮一片一片放入锅中，盖上锅盖，中火煮 5 分钟左右（如图 3）。

5 **晒干之后完成**

排列在方平底盘上，一直晒到表面开始有点黏度。

6 涂满细白糖。为了让白糖不掉下去，最好使用网状方平底盘。

（1）

（2）

（3）

做好的那一刻甜甜的香气扑面而来，作为甜点或者来客时一起配茶都是非常好的选择。

蜜煮金橘

材料 / 12 个的量

金橘……12 个

水……100mL

白糖……120g

正月用的金橘年底就会开始上市，大量上市是在次年初。等正月里的例行活动告一段落后，带着悠哉的心情做一道蜜煮金橘再好不过

制作方法

1 金橘的事先准备

先用水将金橘洗净，用刀尖将金橘皮划出 5 道竖线（如图 1），上下各留出 1mm 的距离。用细签将果核剔除，这个时候不用全部处理（如图 2）。

2 将热水放入锅中，然后把金橘放入锅中煮 2 分钟，将涩味去掉（如图 3）。开始闻到香气后捞出，盛到漏网容器中冷却。冷却到一定程度后用手将可以看得见的果核去掉。注意不要将金橘弄碎。

3 制作蜜

在直径为 15cm 的锅中放入水和白糖，开始加热。用木勺搅拌，等白糖溶化后熄火。

4 将金橘放入 3 中的锅中，将其果蒂朝上摆在锅中，如果横向摆的话，汁水变少了之后整个果身就会碎掉。

5 煮

将 4 用文火开始煮，可以用厨房用纸盖在锅上面，煮 5 分钟（如图 4）。熄火等其自然冷却即可。

（1）　　　　　　　　　（2）

（3）　　　　　　　　　（4）

可以搭配在年节菜中或者作为烧烤菜肴的前菜享用，也可作为喝茶时的点心。糖浆作为治疗嗓子的良方一直被广泛利用。

御事煮南瓜

材料 / 4 人份

南瓜……1/4 个（400g）

海鲜汤……1.5 杯

白糖……2.5 大匙

淡口酱油……满满 1 大匙

酒……1 大匙

小豆……半杯

白糖（追加）……1 大匙

夏季就可以采摘的南瓜，放在避光通风的地方可以一直保存到冬天，作为冬至那天的料理下锅。是寒冬时候必备的一种蔬菜

制作方法

1 煮小豆

为了去掉小豆的涩味，一直煮到小豆开始变软为止（见 99 页）。

（1）

2 煮南瓜

将南瓜切成 8 等份，放入已经加入了冷海鲜汤的锅（直径 21cm）中（如图 1）。盖上锅盖开始加热（到 4 为止一直保持带盖加热状态），等锅内沸腾后加 2.5 大匙白糖，改中火加热（如图 2）。

3 往锅中加入淡口酱油、酒，继续加热到南瓜变软（如图 3）。

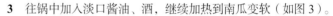

4 加小豆

将煮过的小豆加入锅中继续煮 3 分钟，因为小豆容易碎，注意此处不要用勺搅拌（如图 4）。

（2）

5 追加白糖

最后在锅中撒上追加的白糖，稍微煮一会儿后熄火。追加白糖会让煮出来的南瓜色泽耐看（如图 5）。

（3）

（4）

"事"这个字在古代表示一种神事，神事之日也是进行大型祭祀的神圣的日子。"御事煮"也就是这一天做的料理。

（5）

鸡蛋糊荞麦面

材料 / 4 人份

干荞麦……4 把

荞麦汁……甜料酒 3 大匙，白糖 1 大匙，酱油半杯，
　海鲜汤 5 杯

大葱……2 棵

老姜……20g

板栗粉……2 大匙（同样多的水将其溶解）

鸡蛋……3 个

制作方法

1 **处理甜料酒**

在小锅中加入甜料酒，加热使料酒中的酒精蒸发
（如图 1）。加入白糖、酱油，撇掉泡沫，熄火。

2 将 1 和海鲜汤混合在一起做成荞麦汁（如图 2）。
1 和海鲜汤的比例大概在 1 : 8 就可以。若海鲜汤
是 5 杯，1 就是 125mL 比较合适。

3 **荞麦面和卤子的事前准备**

将一锅热水煮沸，然后加入干荞麦，几秒钟后用
筷子沿着锅底搅拌，防止荞麦面粘底，一直加热，
但是注意不要让锅中的水溢出。煮的过程中时不
时挑起一根尝一尝，中间的心不硬了的话就可以
出锅了。盛到漏网容器里用冷水冲好后静置。

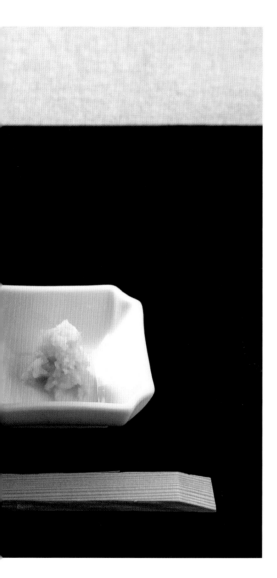

4 把大葱斜切成 3~4cm 长的小段，老姜去皮，搓成末使用。

5 **出锅**

在稍大的锅中放入水加热，将刚才放在漏网容器中的面分成 4 等份，一份一份依次在锅中稍作加热，去掉水分。然后移到各个碗中。

6 将 2 杯荞麦汁倒入直径 18cm 的锅中，加热至沸腾后将之前备好的板栗粉慢慢 加入锅中。易溶于水的板栗粉会慢慢在锅中溶开，然后再将搅拌好的鸡蛋倒入锅中，做成鸡蛋糊。

7 将热腾腾的荞麦汁浇到 5 的荞麦面上，再浇上 6，加上 4，一碗香气扑鼻的鸡蛋糊荞麦面就做好了。

这是一道经常出现在家庭厨房中的暖胃面。稍微多加一些姜末，在寒冷的冬天更能起到暖身的作用。同时姜的味道也能同鸡蛋的味道很好地融合起来，形成一种独特的香味。

(1)

(2)

荞麦汁可以放在冰箱中长期保存，也能用到多种料理中，是一种很方便的调料汁

年节菜

黑豆   西京腌鲕鱼

干青鱼子   黍米腌幼鳁

沙丁鱼干   莲花藕片

栗金团   出芽慈姑

柿子红白拌 伊达蛋卷

敬老虾   红烧类

亲手制作菜肴来迎接新年

　　用新年菜肴来祈祷新的一年健康幸福、平安快乐，用这些贡品来感谢保护家人一年的年神。日本自古以来传承下来的料理都是手工制作的，但是全部手工制作的话又是比较困难的。所以，这里就以"三肴"为开始做简单的介绍。"三肴"就是黑豆、干青鱼子、沙丁鱼干，这是新年菜肴不可缺少的。

　　黑豆的读音"mame"有"认真健康"的意思，寓意肌肤黝黑健康，活力满满迎接下一年的工作。鲱鱼的卵即青鱼子，与日语中"双亲"的读音一致，所以寓意着父母膝下的儿女都能越来越好。制作沙丁鱼干的鳀鱼的读音与"五万米"一致，而且使用的是晒干的鳀鱼，也可以用作田间的肥料，寓意来年五谷丰登。

黑豆

材料 / 适宜量

黑豆（最好是丹波黑豆）……2 杯

小苏打……1 小匙

白糖……200g

淡口酱油……1 大匙

甘露子（根据个人喜好）……适量

制作方法

1　黑豆（提前两个晚上泡发）

将黑豆洗净，放入大的铁锅中，加入准备好的小苏打，再加入 3 倍量的热水静置一个晚上（如图 1）。用铁锅会提亮黑色，小苏打会使豆子更加软糯。

2　煮（前一天）

大火加热泡豆的铁锅，煮至沸腾冒白泡。白色泡沫渐渐小的时候调至小火，保持沸腾的状态。中途要添水保证豆子能够被水浸没，煮到用手指能够轻松捏破的程度即可（如图 2）。

3 可用手掌遮挡，轻轻向锅中倒水，不要将豆子弄破，冷却至手可以触碰的温度。

4 将豆子轻轻捞出，挑出破皮很多的豆子。

5　制作糖稀

另取一个锅，倒入 250mL 的水，以及砂糖和淡口酱油（如图 3），用中火熬至糖全部溶化，放置冷却。

6　糖稀泡豆

容器中放入沥干水分的黑豆，然后倒入糖稀。盖上一张厨房用纸，使黑豆能够完全浸泡在糖稀中，放置一晚充分吸收甜度（如图 4）。

7 第二天，将豆子从糖稀中捞出，再将糖稀放入锅中用中火煮 10 分钟至黏稠。与豆子一起冷却，根据个人喜好点缀上甘露子即可。

（1）

（2）

（3）

（4）

> 包含了健康工作、健康生活的美好祈愿。

干青鱼子

材料 / 4 人份

腌制的青鱼子……3 条

盐……适量

浸汁……海鲜汤半杯，酒 1 大匙，淡口酱油 1 大匙

制作方法

1 把腌制好的青鱼子脱盐

将青鱼子放入容器中，加水和 1 小匙盐刚刚没过青鱼子即可。每天用同样的水和盐替换，经过 3 天慢慢地将盐脱去。直至留有一点点盐的味道刚刚好，过分的脱盐会导致青鱼子变苦。

2 剔除薄皮

将细的扦子插入薄皮中，小心翼翼地将皮剔除。

3 入味

将锅中调好的浸汁煮沸，冷却后将青鱼子浸入，时不时上下搅拌，静置一天让其入味，放入盘中的时候，切成容易食用的大小即可。

象征着子孙满堂的一道料理。古时候会将鱼子晒干，然后浸水再入菜。

沙丁鱼干

材料 / 4 人份

鳀鱼……40g

酱油……1.5 大匙

砂糖……3.5 大匙

酒……1.5 大匙

制作方法

1 煎鳀鱼

将锅加热，放入鳀鱼，用中火煎制至鳀鱼的腹部和头部稍显金黄，在厨房用纸上铺开冷却。

2 制作糖稀

在锅（直径 21cm）中加入所有的调料搅拌，直至砂糖充分溶化，然后用大火加热，煮沸后关火。这样重复 3 次，直至糖稀容易挂在青鱼子上。

3 多刷几次蜜

将糖稀淋在步骤 1 中煎好的鳀鱼上，用木勺充分搅拌，让鳀鱼充分沾上糖稀。

古时候鳀鱼也被用作田间的肥料。因此过年的这道料理包含了农作物丰收的祈愿。

4 将鳀鱼放在锅边，锅的中间部分用中火加热，加热后鱼身上的糖会变白，这样糖就不会脱落，充分搅拌，使所有的糖都变白。

5 放入方平底盘中，摊开凉凉。

栗金团

材料 / 适宜量

红薯……250g

糖水煮栗子（见 77 页）……6 个

明矾水……3 杯水，烧明矾半小匙

栀子果……1 个

白糖……90g

甜料酒……半大匙

> 栗子自古以来因"胜利之栗"而作为吉祥之物，常常被用来食用。

（1）　（2）

制作方法

1　制作金团

将红薯切片，厚度在 1cm 左右。然后剥去红薯皮。

2 把明矾水倒入直径为 21cm 的锅中。然后把红薯放在锅中浸泡 30 分钟。这样做好后颜色会更漂亮。

3 把 2 中浸泡着红薯的锅用中火加热。加热到锅中有小气泡即可。然后马上用水清洗红薯。把红薯变黑的部分去掉。如果变黑的部分很多就扔掉不要使用了，因为变黑的部分会破坏口感。

4 把锅清洗干净，把 3 中的红薯再放入锅中。加水至刚好没过红薯为止。然后再把栀子果切半后放入锅中，用中火加热，煮到红薯变软（如图 1）。

5 趁热把水过滤掉。

6 把 5 中的红薯放到直径为 21cm 的锅中，然后再放入白糖和 1 大匙水，搅拌。大火加热，用木勺搅拌到出现光泽即可。

7 再放入栗子，用中火继续加热。用木勺沿着锅底搅拌，直到栗子慢慢呈现浆汁状时放入甜料酒，继续搅拌（如图 2）。

8 把 7 中加热好的栗金团放入盘中冷却。由于加热时间很长，所以还保有余温。此时趁热放到盘子里。

柿子红白拌

红白象征平安。摆盘的时候再加上一些柚子丝。

材料 / 适宜量

白萝卜……4cm 长（200g）

胡萝卜……4cm 长（20g）

盐……半小匙

市田柿（涩柿）……1 个

柚子皮……适量

甜醋（见 8 页）……适量（可以浸泡蔬菜的量即可）

制作方法

1　把白萝卜和胡萝卜切成细丝，撒上盐搅拌。放置 10 分钟后，把攥出的水倒掉。

2　把市田柿切半，再切成小块。把柚子皮上的白色部分去掉，然后切碎。

3　在 1 中加入甜醋，再加入 2 中的食材，搅拌。

[柚子碗]

制作方法

1　把柚子上面 1/3 的部分切掉。如果放不稳的话，可以把底部也稍微切下一点。

2　用剔鱼骨的镊子把柚子里的一瓣瓣肉择出（如图 1）。

3　把柿子红白拌放到柚子容器里面。

（1）

敬老虾

材料 / 4 人份

对虾……4 只

酒……2 大匙

水……半杯

白糖……1.5 大匙

甜料酒……1 大匙

淡口酱油……1 大匙

这道菜里还有着这样的寓意：即使上了年纪也可以保持健康，腰也可以像虾那样自如弯曲。

制作方法

1　**处理虾**

　用竹签剔除虾背上的虾线。

2　**烹煮**

　往直径 18cm 的锅中加入酒、水，然后加热至沸腾。再把虾放入锅中。让水始终保持沸腾，并且用筷子让虾一直处于圆形的状态。

3　**调味**

　等到虾的颜色发生变化后，再依次加入白糖、甜料酒、淡口酱油。然后盖上锅盖，控制火候，好让锅盖上有海鲜汤凝结，煮到海鲜汤慢慢变少。

西京腌鲕鱼

材料 / 4 人份

鲕鱼（鱼块）……4 块

腌制酱……西京味噌 125g，白糖 1 大匙，甜料酒 1 大匙

制作方法

(1)

1 **处理鲕鱼**

   把鱼块摆在盘子上，鱼块的上下两面撒上盐，放置 3 小时。

2 用厨房用纸把 1 中处理好的鱼块的水分吸干净。水分吸干净之后，鱼腥味也会
   去除，更容易入味。

3 **浸入腌制酱**

   在另一个盘子里刷上用西京味噌、白糖、甜料酒调和好的酱料。然后在酱料上摆上鱼块。剩下的酱料再层
   层涂到鱼块上后，放到冰箱中搁置 2~3 日。在此期间把鱼块上下翻过来，这样酱料会更容易入味。

4 **烤**

   把鱼块从盘子中取出，然后用水冲洗去除酱料。

5 用厨房用纸把鱼块的水分吸干，然后把鱼块放在烤架上烧烤。烤制变色后，再用刷子刷上分量外的甜料酒。
   刷 2~3 次甜料酒后，烤到鱼块出现光泽就算是烤好了（如图 1）。肚子上的肉比较容易烤焦，为了避免颜色
   过于焦黄，建议铺上锡纸。

※128—129 页中呈现的画面就是过年过节时的年菜料理，鲕鱼前面摆放的是形似羽毛毽子的一种植物，常放在年菜料理中做装饰用。

❙ 鲕鱼在不同成长期有不同的名字。它同时也被称为升职鱼。

黍米腌幼鳕

材料 / 适宜量

醋腌幼鳕（见 118 页）……8 条

黍米……3 大匙

栀子果……1 个

水……3 杯

三杯醋……醋 50mL，白糖 1.5 小匙，淡口酱油半小匙，盐少许

红辣椒……半个

（1）

（2）

制作方法

1　给水上色

把水倒入锅中，然后放入切半后的栀子果。在火上加热 10 分钟，水会呈现出姜黄色。在滤器上铺上厨房用纸，然后把水过滤出来备用（如图 1）。

2　在上色的水中煮黍米

把黍米放在滤器中用水冲洗。然后放入锅中，倒入上色的水。用中火加热煮到用手可以捏碎的程度。

3　把黍米再放入滤器里用水冲洗（如图 2）。滤净水后把黍米放在盆里。然后把红辣椒去籽切碎、加入盆中，再倒上事先准备的三杯醋。

4　同幼鳕一起腌制

醋腌过的幼鳕竖向切成两半，再对两半分别进行处理，在皮孔处竖着平行划 3 个切口，放入盘中。把 3 中做好的黍米放入盘中炝拌。

黄色是驱除邪气的颜色。

醋和辣椒会使这道菜保存的时间更久一些。

莲花藕片

(1)

材料 / 适宜量

藕……5cm 长（约 80g）的 2 个

红辣椒……1 个

甜醋（见 8 页）……60mL

(2)

制作方法

1 **把藕去皮，削成莲花形状**

注意观察藕每个孔与孔的间隙，从孔两侧下刀削成莲花状（如图 1）。

2 从孔的顶端向着 1 中切口方向沿着孔的圆弧把皮去掉（如图 2）。

(3)

3 其他部分也像 2 一样把皮去掉。把藕上下翻转，用同样的方法把另一侧的皮去掉，切成花的形状（如图 3）。然后放在加了少许甜醋的水中浸泡。

4 **煮藕**

把藕和醋水放在火上加热，煮 10~13 分钟直到藕变透明（如图 4）。把煮好的藕拿出来，放凉一会儿后切片。大约切成 5~8mm 的薄片（如图 5）。

(4)

5 **泡藕片**

红辣椒去籽切碎。然后把 4 中的藕片和切碎的红辣椒放入盆中，再倒入甜醋浸泡（如图 6）。

(5)

❚ 藕片如同能从孔中看穿未来的莲花一般。

(6)

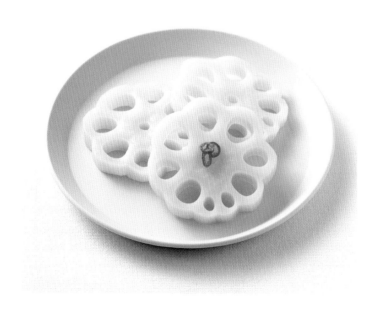

出芽慈姑

植物在地下的茎的前端发育起来的球状部分。慈姑有青慈姑和白慈姑两种，皮色和口感都不同，季节上先大量上市的是青慈姑

材料 / 16 人份

慈姑……16 个

无花果……若干

明矾水……水 3 杯，烧明矾半小匙

煮汁……海鲜汤 2 杯，白糖 3 大匙，淡口酱油半小匙，
　　盐半小匙

制作方法

1　将慈姑削成 6 面

把慈姑放在桌面上，把慈姑皮从下到上沿冲着芽的方向向上剥。剥成 6 面，使相对的面平行。剥到芽的部分的时候要特别仔细处理（如图 1）。

2　利用菜板的一端，为防止芽的一端折断，先将多余的部分切掉，统一长度和形状（如图 2）。

3　放入明矾水中浸泡 30 分钟。

4　与无花果一起煮

将处理好的慈姑用水洗净，然后放入锅里，加水到淹没慈姑即可。再将切半的无花果放入锅中（如图 3），煮到用细签一扎就能透的程度就可以了。出锅后放在水中洗净（如图 4）。

5　收汁

在直径为 21cm 的锅中放入煮汁的材料，再将用水洗过的 4 放入锅中，文火煮 4 分钟收汁即可。

（1）　　　　（2）
（3）　　　　（4）

> 因为含有"终于展露了新芽"的意思，所以出芽慈姑是新年料理中必不可少的一种食材。

伊达蛋卷

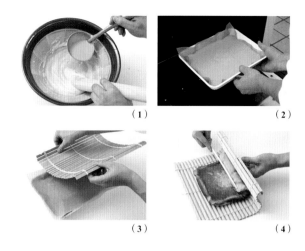

（1）　　　　　　　　　（2）

（3）　　　　　　　　　（4）

材料 / 1 份的量

白身鱼……150g

鸡蛋……6 个

白糖……125g

酒……1.5 大匙

淡口酱油……半大匙

甜料酒……1 大匙

制作方法

1　做坯子

将白身鱼放在研磨钵里捣碎，等开始变黏后放入白糖搅拌，再慢慢加入已经搅拌好的鸡蛋，充分融合（如图 1）。

2　鸡蛋全部加入后，搅拌充分后再加入酒、淡口酱油、甜料酒。

3　移入烤箱中

准备一个 20cm×25cm 尺寸的托盘，铺上一层烤蛋糕用的锡纸，把搅拌好的 2 倒入盘中。将托盘移入烤箱中，200℃的温度下烤 15 分钟（如图 2）。

4　从烤箱中取出，再准备一块跟刚才用的锡纸一样大小的一份，铺在坯子上，然后将坯子的上面翻到下面去（如图 3），整个倒过来。将刚刚铺在下面的锡纸拿走。

5　重新放入烤箱中，200℃的温度下烤 10 分钟。

6　卷起来冷却

将坯子移出烤箱，将托盘放回去。撕掉锡纸，凹凸不平的一面冲上，用筷子抵住坯子（如图 4），用卷寿司的帘子一点点卷起来。

7　做成章鱼形状，为了防止形状被破坏，将寿司帘子立起来冷却。等完全冷却后拿出来，切成 1cm 宽的小段。

金灿灿的黄色经常被用来点缀在年菜席间。"伊达"本身词义是丰盛、华丽的意思。这类蛋卷形似古代的卷轴，也代表了古代文化。

红烧类

材料 / 4 人份

鸡大腿肉……1 块（300g）

干蘑菇……4 个

大芋头……2 个

明矾水……水 3 杯，烧明矾 1 小匙

大蒜……2 头

莲藕……半节（150g）

牛蒡……半个

白魔芋……半个（150g）

紫花豌豆……12 个

芝麻油……2 大匙

海鲜汤……2.5 杯

白糖……5.5 大匙

酱油……4.5 大匙

酒……3 大匙

甜料酒……2 大匙

制作方法

1　把干蘑菇浸泡在水中一晚上，去梗。

2　将大芋头去皮，切成大块，浸泡在明矾水中 30 分钟后用水洗净。

3　将大蒜、莲藕去皮，莲藕纵向分成两半后切成块，再放入事前准备的分量外的醋中浸泡。

4　牛蒡去皮，切成块后泡在水中。

5　白魔芋切成大块后，在热水中过一遍迅速捞出来。大蒜以外的材料都要将水分滤干净（如图 1）。

（1）

6　将紫花豌豆去丝处理干净，放入热水中，再加一把事前准备的分量外的盐开始煮，等颜色开始改变之后捞出来，放在水中。

7　**鸡肉的事前准备**

　　将鸡大腿肉切成大块，浇上事前准备的分量外的一大匙酒。

（2）

8　在直径为 21cm 的锅中放入芝麻油，加入芋头大火开始炒。等芋头变得透明后依次加入大蒜、鸡肉、牛蒡、莲藕，最后加入魔芋，注意让鸡肉受油均匀，如果鸡肉在翻炒的过程中散到锅的四周的话，要用木勺都收回到锅的中间，保证肉块翻炒均匀（如图 2）。

9　等鸡肉的表面开始变白后，将火调小，加入海鲜汤，沸腾后再加入白糖，把 1 的干蘑菇加入，撇去泡沫。盖上锅盖开始煮，注意火候，煮 3 分钟即可。

10　再加入酒、酱油，盖上锅盖继续煮。等锅中的海鲜汤开始变干后加入甜料酒，调大火收汁。最后加入切好的紫花豌豆，轻炒片刻后出锅。

这道菜作为平时的菜肴也非常受欢迎。其中每种食材都有一定的寓意，比如莲藕象征着前景，芋头象征着子孙兴旺。正是因为这些美好的寓意，这道菜在正月里就更加受百姓的欢迎。

江户杂煮

材料 / 4 人份

车虾……4 尾

下煮汁……水半杯，酒 1 大匙，盐半小匙

鸡胸脯肉……2 块

盐……适量

油菜……半把

鱼糕……4 切块

块状糯米糕……2 个

汤汁……海鲜汤 4.5 杯，淡口酱油 1 小匙，盐 1 小匙

黄柚子……适量

制作方法

1　车虾的事前准备

将车虾的头向下，背部向里弯曲，在身体的连接处制造出缝隙，将竹扦子从缝隙处穿过去，然后摘掉背部的虾壳。为了在食用时方便去壳，可以在虾的腹部侧面用刀划几道切口。

（1）

2　在锅中放入虾和事前准备的下煮汁，开中火开始煮。为了让虾呈向里弯曲的形态，在煮的过程中用筷子按住煮 1 分钟，然后自然冷却。

3　将鸡胸脯肉用热水焯一遍

将鸡胸脯肉去掉肉里的筋骨，切成小块，撒薄薄的一层盐，然后放在热水中煮。等肉变白之后就可以了。

（2）

4　热水焯油菜

将油菜放入热水中，撒上一把盐，加热。片刻后出锅，放在寿司卷帘上用力攥掉水分（这里如果没有寿司卷帘的话直接用手攥也可以），然后切成 3cm 长的段。

5　烤糯米糕

将块状糯米糕切半，放在烤架上开始加热，不时地翻动，等糕身上开始出现金黄色的烤痕后，就可以取下来备用了。

（3）

6　装盘

在锅里放入事前准备的海鲜汤，加热。再将 3 中的鸡胸脯肉放入锅中，稍微加热。

7　在碗中依次放入油菜、车虾、鱼糕、鸡胸脯肉、糯米糕（如图 1—图 4）。浇上热热的海鲜汤，加上一点柚子皮切成的丝充当重叠的松叶点缀在上边。

（4）

▎重叠的松叶是用切成长方形丝状的柚子皮交叠在一起做成的。

七草粥

材料 / 4 人份

芫菁叶……4~5 片

西芹……2~3 根

米饭……250g

水……4.5 杯

糯米糕……2 个（切半备用）

盐……1 小匙

制作方法

1 将芫菁叶和西芹切成粗块，然后切成细末（如图 1）。

2 在锅中放入米饭和事前准备好的水，加热煮粥。沸腾后加入糯米糕，
   直到煮软（如图 2）。

3 等锅中煮的米饭和糯米糕变成粥状后，加盐，再将 1 中切好的蔬菜
   放入锅中（如图 3、图 4）。

4 盛到碗中，根据个人喜好可以适当加一些梅子酱（制作方法参见
   44 页）。

春季七草即西芹、荠菜、鼠曲草、繁缕、宝盖草、萝卜、芫菁。用这 7 种植物可以做成象征着好兆头的具观赏性的七草小盆栽。柳原菜系中的七草粥是用西芹和芫菁叶做成的

（1） （2）

（3） （4）

春季七草是顽强度过了寒冷的冬天生长到第二年春天的植物。在饭菜中使用这几类象征着顽强的生命力的蔬菜，寄予了人们希望能够从它们身上得到一整年元气的愿望。在七草粥中加入的糯米糕代表了神仙栖息的地方。

日常和节日里米饭的讲究

　　日常生活中做米饭的时候要蒸米并过滤掉米汤，这本身就是一道比较费工夫的工序了。而到了节日的时候，为了突出庄严感，在做寿司或者红豆饭时还会增加一些工序。古时候起日本人就很重视季节的分界点，会将一年中换季的日子作为区分日常和节日的分界线。

做白米饭的方法（6 碗份）

　　取 2 杯米用水快速冲一遍，将水倒掉。两手捧起米，两手心相互轻轻地搓，大概搓 30 次。用水冲一遍后再搓一遍。重复这个过程直到水变清为止。在锅中放入米、480mL 的水（水的量是米的 1.2 倍），这样静置30 分钟。

　　盖上锅盖大火开始煮。沸腾后先保持锅内状态，注意不要让锅中的水溢出来，等锅中的水开始变少，米开始变稠的时候将火调小。等米的表面水分开始变没的时候，再一次调成大火。在听到锅中开始发出"噼里啪啦"的声响的时候再等 10 秒钟，熄火。保持这样的状态蒸上 10 分钟，把米完全蒸熟。

　　掀开锅盖用饭勺上下搅拌，然后将米饭移到竹桶中，没有竹桶的话可以用干布将米兜住，将水分滤净。

海鲜汤的做法（做5杯的量）

　　取 20cm 长的海带放入水中轻轻洗一下，连同 6 杯水一起加入锅中，中火开始煮。等锅中的水和海带开始有小气泡出现的时候，水温大约是在 70℃，就可以将海带捞出。

　　等锅内水沸腾后加入 15g 干鲣鱼薄片，大约煮 1 分钟捞出放入搭在漏网容器上的纱布上，将海鲜汤过滤出来。最后拿住纱布的四角，紧紧地攥一次，过滤出来的金黄色的海鲜汤就可以用了。

油炸豆腐寿司

材料 / 20 个的量

米……1.5 杯

水……345mL

寿司用醋……米醋 30mL，白糖半大匙

煎白芝麻……半小匙

黄柚子皮……适量（根据季节而定，如果没有的话也可以不用）

油炸豆腐皮……10 片

A……1.5 杯海鲜汤，白糖 5 大匙，三温糖 1.5 大匙，酱油 4.5 大匙

B……三温糖 3 大匙，甜料酒 1.5 大匙

制作方法

1　做寿司饭

将饭桌用水擦拭干净。准备一块干布用水浸湿，摊开在饭桌上。用事先准备好的水将米饭煮熟，盛出来摊在布上。将事先准备好的寿司用醋均匀洒在米饭上，然后加入煎成金黄色的白芝麻和切成丝的黄柚子皮，搅拌均匀。用扇子在桌子上空扇风，将米饭凉凉。

2　煮油炸豆腐皮

将油炸豆腐皮切成一半，做成袋子形状，放入热水中煮 5 分钟，把油分煮掉。

3　在锅中放入 A 中的海鲜汤，将 2 轻轻滤掉一些水分一起放入锅中，加热至沸腾后加入 A 中的白糖和三温糖煮 3 分钟。再加入酱油，盖上盖中火煮 5 分钟（不要将火开太大，否则会将豆腐皮煮烂）。

4　再将 3 里加入 B，调成大火，等三温糖化了之后关火。

5　将做好的寿司饭填进豆腐皮里

将 4 中的豆腐皮捞出来后轻轻攥掉水分，然后将寿司饭分成 20g 一份，塞进豆腐皮里（如图 1）。

6　用大拇指撑住豆腐皮的一角，将寿司饭塞紧（如图 2）。

7　塞完寿司饭后将余下的豆腐皮折起来（如图 3、图 4）。

葫芦丝寿司卷

材料 / 10 根份

葫芦丝……3 根（30g）

盐……1 小匙

煮汁……海鲜汤 3/4 杯，白糖 3 大匙，酱油 2 大匙，甜料酒 1 大匙

寿司饭……米 2 杯（400mL），水 460mL

寿司醋……米醋 40mL，白糖 2 小匙，盐 2/3 小匙

海苔……每一根半片（共 5 片）

甜醋腌新生姜（参照 53 页）……适量

葫芦丝是削成细长线状的葫芦晒成的丝。如右图，市场上售卖的是结成一把的葫芦丝

制作方法

1 泡葫芦丝

在盆中放入清水，把葫芦丝放进去，在水中细细地搓一会儿（如图 1）。

2 将洗完后的葫芦丝上撒上盐，静置 10 分钟。然后放在清水下冲，将盐洗净（如图 2）。

3 将热水倒入锅中煮沸，加入葫芦丝，在沸腾的状态下持续煮 8 分钟（如图 3），然后将锅中的水倒出。

4 在直径为 18cm 的锅中加入事前准备好的煮汁，沸腾后加入葫芦丝，盖上盖子继续加热（如图 4）。扣上盖子后锅内温度会变高，等锅内煮汁变少之后就可以关火了。刚刚煮完后的颜色可能会很淡，静置一晚上后，葫芦丝就会因为煮汁完全渗入而颜色变浓（如图 5）。

（1）　　　　　　　（2）　　　　　　　（3）

（4）　　　　　　　（5）

（6）　（7）　（8）

（9）　（10）　（11）

（12）　（13）

甜中带辣的葫芦丝寿司卷是关东地区的经典吃法。切的时候按着切会使切面显
得很干净。

5　做寿司饭

参照 149 页做寿司饭。

6　切海苔

海苔沿着长边折起来切成两半（如图6）。

7　开始卷

将海苔光滑的一面冲下，沿着寿司帘的边放下。盛 70g 寿司饭放在海苔中间，在手指尖蘸一些寿司醋，顺着海苔面均匀铺开，注意将一边留出 1cm 的空间，因为稍后卷起来的时候，饭会往两边延展（如图7、图8）。

8　将煮好的葫芦丝折成 3 折，放在摊开的饭中间偏手边的位置（如图9）。

9　一边用手指按住葫芦丝，一边稍微提起寿司帘，使寿司两边接到一起（如图10、图11）。

10　用刚才提着寿司帘的手将寿司帘拉近一些，使劲攥紧（如图12、图13）。

11　将一根切成 6 等份，然后搭配甜醋腌新生姜一起享用最美味。

红豆饭

材料 / 4 人份

糯米……3 杯（600mL）

红豆……60g

芝麻盐（见 81 页）……适量

制作方法

1　煮红豆，取有颜色的煮汁，在前一晚泡糯米

将红豆洗净放入锅中，加入 2 杯水，中火加热煮沸 5~6 分钟后，将汁水倒掉，目的为去掉红豆的涩味。

2　将 1 中的红豆中再加入 3 杯水中火继续煮，煮到豆子开始变得通透，锅中的水开始变成鲜红色为止（大概煮 9 分钟）。

3　将豆子倒入盆中，将豆子跟有颜色的红豆汁水分开（如图 1）。

4　将红豆重新放入锅中，再加入大概 3 杯水，中火再次煮，一直到豆子变软为止。这次的红豆汁水可以当蘸手水备用。

（1）　（2）　（3）　（4）　（5）

过去每到需要庆祝的日子，家家都会做红豆饭。直至现在有些地方依然保留着正月或者是每个月的 1 号做一次红豆饭的习惯。

※ 洒水的方法
拿走盖子，洒水之前先抓住布的两端，将盛在布里的饭上下颠一颠。然后蘸一些蘸手水，捧 4~5 次洒在饭上。然后用筷子将饭搅拌松软，再用蒸布裹起来，放在锅里开始蒸。尝一尝感觉差不多的时候（用筷子蘸一下会有饭粒沾上来的程度就说明已经蒸好了），最后再洒一点水，蒸2~3 分钟等米饭开始出现光泽后就可以出锅了。

5 　将有颜色的红豆汁水盛放在小盆里，为使颜色变鲜艳（也称发色）将其凉在空气中（如图 2），静置冷却。然后将洗好的糯米倒入有颜色的红豆汁水中开始染色。

6 　**蒸饭**
第二天将糯米捞出来盛到盆中（如图 3）。

7 　在冒着热气的蒸笼里铺一层布，然后将糯米和煮好的红豆放进去搅拌（如图 4）。

8 　将蒸布折好盖上锅盖大火开始蒸。10 分钟后打开锅盖，把蒸布从上向下颠倒一下，用筷子上下搅拌。蘸一些事先准备的蘸手水，均匀洒在饭上（如图 5）（做法参照 152 页左下角）。再盖上盖子继续蒸。过程中每隔 10 分钟就要重复一次这个过程。一共蒸 40~50 分钟。

9 　**将饭盛出来摊在饭桌上**
将刚蒸好的红豆饭连蒸布一起从蒸锅里拿出来放在饭桌上，用蘸湿的筷子搅拌松软（这里不要用饭勺，因为饭勺比较容易沾上饭粒），撒上芝麻盐。然后用一块蘸湿的布盖在上面静置。

古时常用的和式蒸笼和广口钵

　　日本家庭中在蒸东西的时候常使用和式蒸笼。它的特点是蒸笼底是木板，为了增大笼内压力只留了几个孔。蒸笼本身比较高，底部放上可以摘下来的木箅子。笼盖用比较厚重的锅盖即可。现在因为渐渐不用了，日常生活中也慢慢见不到这种器具了。

　　使用方法是，首先要将整个蒸笼泡在水中 20~30 分钟，因为是木制品，要让其充分吸收水分。如果是蒸红豆饭的话，先将蒸布铺在箅子上，再将用红豆汁水浸泡过的糯米和煮过的红豆一起放入。因为蒸笼本身口径比较窄，中间地方不容易加热，所以可将米挖成一个中间凹进去的形状。再淋几次蘸手水（煮红豆的汁水），蒸上 40~50 分钟即可。

　　蒸好的红豆饭盛出来放到广口钵里搅拌松软。这种广口钵在以前还被用于和面、切寿司卷，或者是摆盘用（将做好的食材放在广口钵里）。因为同样是木制容器，在使用之前也要浸泡在水中一会儿，然后用干净的布擦拭干净。

　　用了很久的工具经过匠人的擦拭和时间的洗练，慢慢地开始变得圆润。经过匠人之手做出来的料理也自成一种风味。

杂煮食材寿司饭

材料 / 5~6 人份

米……3 杯（600mL）

水……690mL

干蘑菇……4~5 枚

油豆腐干……3 枚

胡萝卜……4cm 长胡萝卜 150g

煮汁……海鲜汤 1 杯，白糖 2 大匙，酱油 4 大匙

煮汁用调料 1……白糖 1 大匙，酱油 1 大匙

煮汁用调料 2……白糖 4 大匙，酱油 1 大匙

混合醋……米醋 4 大匙，淡口酱油 1.5 匙

莲藕……80g

腌制莲藕的甜醋……米醋 1/4 杯，白糖 1.5 大匙，盐 1/4 小匙

轻煎鸡蛋……鸡蛋 2 个，白糖 2 小匙

豆角……60g

红姜……60g

烤海苔……1 片

> 杂煮这种做法就是在同一锅海鲜汤中，将准备好的食材先放进锅里煮，适当加热后捞出来继续用刚才的海鲜汤煮下一样食材。

制作方法

1　食材的事前准备

将干蘑菇放在水里泡一晚上，第二天将心去掉，切细丝备用。油豆腐干放在热水中脱去油分，竖着切一刀后切成长度 5mm 的丝备用。胡萝卜切细丝备用。

2　煮

在直径为 21cm 的锅中放入事先准备好的煮汁和胡萝卜丝，为了去掉胡萝卜的涩味，用中火开始煮。等锅内开始冒泡，胡萝卜丝开始变软后，用漏勺把胡萝卜丝盛到漏网容器中。

3　在 2 的锅中放入事先准备好的煮汁用调料 1 和蘑菇丝，盖上盖开始煮。等入味后同 2 一样用漏勺盛出来放到漏网容器中。

4　在 3 的锅中加入煮汁用调料 2 和油豆腐干开始煮（如图 1）。油豆腐干会比较容易吸汁，煮 2 分钟左右后也用漏勺盛出来放到漏网容器中。

（1）

5　将米饭和煮好的食材搅拌在一起

淘好米，用事先准备好的水煮饭。饭煮熟后蒸 10 分钟左右。米饭趁热洒上混合醋，用饭勺搅拌均匀。加入胡萝卜丝、蘑菇丝、油豆腐干丝，混合搅拌（如图 2）。

（2）

6　用扇子扇风将寿司饭凉凉（如图 3），表面变凉后将寿司饭上下翻个儿，继续扇风凉凉。这样做是为了防止米饭粘在一起。扇子扇风还可以让米饭在变凉的过程中变得有光泽。

7　准备点缀用的食材

先稍微加热一下用来腌莲藕的甜醋，然后冷却。将莲藕切薄片，将藕片放进加了少许醋的水里，然后将浸在醋水里的藕片用中火加热，等藕片开始变得通身透明即可。将藕片捞出来过滤掉水分，腌在事先准备的用来腌制莲藕的甜醋里。将鸡蛋打开，蛋黄、蛋清搅拌均匀，加入白糖使其充分融合。将沙拉油淋在做煎鸡蛋饼的小锅里，用刚刚加了白糖的 2 个鸡蛋做一个薄薄的鸡蛋饼。做好后切细丝。煮好的豆角和红姜切细丝。烤海苔少量，揉碎用于点缀。

（3）

8　装盘

在盛寿司饭的容器中加入 6 的寿司饭、藕片、鸡蛋饼细丝、豆角丝、红姜丝，将这几样颜色鲜艳的食材按顺序摆在盘中，最后撒上烤海苔即可。

后 记

捕捉每个季节的变换，做出各式各样的料理。

感觉上每年都是一样的，却因为农作物、气候的不同，每一年做出来的味道都大相径庭。我们也总是会在做料理的时候，不经意地发现这样一件事："我们享受料理美味的同时，其实也是将只属于那个时节的生命转换到了自己身上。"

等待季节变换的那份欣喜，感受花时间精力去做料理的那份充实。用水洗净，煮好收汁，在阳光下晒干。空气、风都来添砖加瓦。最后的等待也是一项重要的工序。尝试，失败，重新再来，一次又一次的重复也是这项手工活计必须经历的过程。

柳原家的料理法是将祖传技法和父亲实践所得出的真知结合而来。亲手触摸，亲自去处理，细细地观察食材煮在锅中细微的变化，就会知道很多以前不知道的东西。再借助得力的器具，美味的料理也就离你不远了。日复一日，年复一年，坚持如此，回头一看，自己已然同父亲其他的学徒们一样，走出了一条柳原家的料理之路。

此次我们将实际生活中做料理的点点滴滴写出来分享与大家，这种喜悦的心情无以言表。

执笔于六本木宅院

柳原一成

OISHII KURASHI KISETSU NO TESHIGOTO SHUNKASHUTOU HIBI
WO TANOSHIMU RECIPE-CHO
© YANAGIHARA KAZUNARI / YANAGIHARA NAOYUKI 2016
Originally published in Japan in 2016 by IKEDA Publishing Co.,Ltd.,
TOKYO,
Chinese (Simplified Character only) translation rights arranged with
PHP Institute, Inc., TOKYO, through TOHAN CORPORATION, TOKYO.

图书在版编目（CIP）数据

四季手工美味 /（日）柳原一成，（日）柳原尚之著；
霍红雪译. — 北京：北京美术摄影出版社，2020.2
　ISBN 978-7-5592-0273-4

　Ⅰ. ①四⋯ Ⅱ. ①柳⋯ ②柳⋯ ③霍⋯ Ⅲ. ①菜谱—
日本 Ⅳ. ①TS972.183.13

中国版本图书馆CIP数据核字（2019）第103425号

北京市版权局著作权合同登记号：01-2018-5207

责任编辑：耿苏萌
责任印制：彭军芳

四季手工美味
SIJI SHOUGONG MEIWEI

〔日〕柳原一成　　〔日〕柳原尚之　著
霍红雪　译

出　　版　北京出版集团公司
　　　　　北京美术摄影出版社
地　　址　北京北三环中路6号
邮　　编　100120
网　　址　www.bph.com.cn
总 发 行　北京出版集团公司
发　　行　京版北美（北京）文化艺术传媒有限公司
经　　销　新华书店
印　　刷　天津图文方嘉印刷有限公司
版印次　2020年2月第1版第1次印刷
开　　本　787毫米 × 1092毫米　1/16
印　　张　10
字　　数　108千字
书　　号　ISBN 978-7-5592-0273-4
定　　价　59.00元

如有印装质量问题，由本社负责调换
质量监督电话　010-58572393